从古代的化学工艺到
20 世纪的蓬勃发展

化学简史

A Concise History of Chemistry

[英] 爱德华·索普◎著
王力◎译

图书在版编目（CIP）数据

化学简史 / （英）爱德华·索普 (Thomas Edward Thorpe) 著；
王力译 . -- 北京 : 地震出版社 , 2021.10（2022.8 重印）
ISBN 978-7-5028-5299-3

Ⅰ . ①化… Ⅱ . ①爱… ②王… Ⅲ . ①化学史 Ⅳ . ① O6-09

中国版本图书馆 CIP 数据核字 (2021) 第 158999 号

地震版 XM4792/O（6133）

化学简史

［英］爱德华·索普 著
王力 译
责任编辑：王亚明
责任校对：凌 樱

出版发行：地 震 出 版 社
北京市海淀区民族大学南路 9 号　　邮编：100081
发行部：68423031　68467991　　传真：68467991
总编室：68462709　68423029
证券图书事业部：68426052
http：//seismologicalpress. com
E-mail：zqbj68426052@ 163. com
经销：全国各地新华书店
印刷：北京柯蓝博泰印务有限公司

版（印）次：2021 年 10 月第一版　2022 年 8 月第二次印刷
开本：710 × 960　1/16
字数：198 千字
印张：13.5
书号：ISBN 978-7-5028-5299-3
定价：48.00 元

前 言

Preface

“化学”一词，从字面上理解就是“变化的学科”。化学是研究物质的结构、组成、性质以及变化规律的基础自然科学。化学与我们的生活息息相关。农药的研制和使用增加了粮食的产量，使人类免于饥饿；药物的合成和使用，使人体健康得到保证；新材料的研发和使用，使人们的生活得到改善。由此可知，化学的重要性不言而喻。

《化学简史》由爱德华·索普爵士编写，王力翻译。作者爱德华·索普爵士是英国无机化学家和化学史学家，曾任帝国理工学院教授和国立实验室主任。作者作为一位化学家，为读者带来一个独特的视角审视化学发展史。全书分为上、下两卷，共23章，介绍了从古代化学至现代化学的历史全貌。上卷介绍了1850年以前的化学史，下卷介绍了自1850年后的化学史。

正如文中所写，埃及是四大文明古国中历史最悠久的国家，是英文“chemistry”词源的发源地，“chemistry”即中文“化学”。炼金术为化学带来了第一次大发展，众多金属都是由炼金术士首次冶炼出的。“有机化学”一词中的“有机”意为“有生命的”，因为有机化合物最初均为人们从动植物体内提取的。早期的化学家们认为生物体内存在一种被称为“生命力”的东西。燃素说曾经作为化学领域中的显学，深刻影响了化学理论的发展，尽管我们不无遗憾地说这种影响带来了许多负面效果。道尔顿的原子论、门捷列夫的元素周期表、巴斯德对同分异构体的发现，深刻地推动了化学的发展……

无论文理，人对世界的求知欲是不会变的。化学绝不是一门枯燥的学科，枯燥的是低趣味的人所编写的书。

通过阅读本书，我们了解化学家们所提出的理论也可能出现相互矛盾。理论是需要不断完善的，而这种完善的过程十分有趣。这也是化学之所以吸引人的原因。

本书侧重于化学史的讲解而非化学理论，整本书看似浅显，但整体架构非常全面且具有逻辑性。因此，本书适合所有教育背景的读者，内容绝不枯燥！阅读此书，读者可以理清化学史的发展脉络，增加自己对化学的了解和兴趣。在阅读的过程中，我们希望读者不仅专注于了解化学发展史中的重要人物及其成就、理论的诞生及其发展，更重要的是通过本书领悟化学家身上体现的科学精神。这是种严谨缜密、勇于批评和创造的精神。这种科学精神要比物质成就更重要，它是人类文明最宝贵的东西。

目　录

Contents

上　卷

下　卷

化学简史

上卷

第一章 古代化学

埃及：所谓的化学发源地——“化学”一词的由来——古人所知的化学技艺——古人的冶金学——中国人、埃及人、希腊人和罗马人的化学品

化学作为一门技艺，在公元元年前已经有数千年的历史了；作为一门科学，最早可以追溯到17世纪中叶。埃及的碑文以及希罗多德和其他作家给我们留下的记载表明，古埃及人是对化学工艺有着相当多了解的人群之一。古埃及的祭司精通某些化学技艺，这些人的寺庙（如底比斯、孟菲斯和赫利奥波利斯）里有化学实验室。我们也可以假设，在包括祭司在内的有教养的阶层里，会有一些好奇、聪明的人时不时地去推测一些他们所观察到的现象的性质和原因。但没有确凿的证据表明，埃及人曾以科学的精神，或像他们探索天文学或数学那样去探索化学。他们所进行的化学实践都是具有加工性质的，在特征上具有经验性，在结果上具有功利性。人们在真正意义上开始为了深入了解化学变化的性质及其作用的原理和条件而甘愿从事化学研究，在世界历史上是比较晚的。

尽管我们在化学实践过程中引用了古埃及人的理论，但并没有证据表明该学科实际上起源于古埃及。中国、印度、古埃及都曾是各种技术工艺的发源地，化学正是起源于这些技术工艺。而我们所掌握的最早的化学作用的知识主要来自埃及的记录或基于埃及资料的公开著作。值得注意的是，“化学”的英文 chemistry

起源于古埃及的“chemi（黑土地）”，这门学科一直被称为“埃及艺术”。

博尔哈夫在他的著作《新的化学方法》（萧和钱伯斯出版社，1727年出版于伦敦）的序言中表示：

化学这个词写成希腊语应该是χημία，写成拉丁语和英语应该分别是chemia、chemistry（不同于以往的chymia和chymistry）。

第一个发现该词的作者是普鲁塔克，他生活在多米提安、涅尔瓦和图拉真皇帝的统治之下。这位哲学家在其有关伊西斯和奥西里斯（Osiris）的论文中洞察到在埃及这个国家的神圣方言中，“埃及”和“瞳孔”这两个词一样都是χημία，于是普鲁塔克据此认为在埃及语中，chemia这个词表示“黑色”，而埃及这个国家可能因黑色土壤而得名。

“但是（博尔哈夫认为），这个词的词源和语法意义并不是那么容易找到的。批评家和古董家（化学对于这些人而言一直是一个伟大的研究课题）一定会对化学做进一步研究。除“黑色”外，部分研究人员认为“化学”一词由希伯来语chaman（或haman，表示谜团，其词根为cham）中派生而来，最初意为“秘密”或“神秘”。而且，普鲁塔克注意到在神圣方言中，“埃及”一词用希腊语“χημία”，即“chamia”表示。我们很容易进一步推断出这个词源自诺亚的长子查姆（Cham）。查姆是大洪水之后第一个居住在埃及的人，按照《圣经》的风格，这片土地被称为“查姆之地”。至此，普鲁塔克发现了为什么“chaman”和“haman”表示“秘密”。普鲁塔克提到了一位名叫米内塞斯·西博尼塔（Menethes Sibonita）的古代作家。米内塞斯·西博尼塔认为Ammon和Hammon用于表示埃及的神，普鲁塔克就此注意到在埃及语中任何秘密或魔法都是用同一个词语表示，即ἄμμον——Hammon……为了保持该词的含义不变，博克哈特最后选择从阿拉伯语chema（或kema，表示“隐藏”）中派生出这个词。他还补充说，有一本玄学方面的阿拉伯语书，名叫*Kemi*。

从博尔哈夫收集的全部资料来看，化学最初是据此命名的，因为古时候它被认为“不适合透露给大众而应作为一个宗教‘秘密’被珍藏”。

如果我们要将化学的产生归功于那个据说生活在大约5世纪初的全能者佐西默斯的话，那么我们有充分的理由将化学作为一个宗教秘密来珍藏，因为“化学”源自《爱的价值》（*Pretium Amoris*），它的起源并不光彩。“宗教作品描述的场景通常是这样的：天使们禁不住女人的诱惑，传授她们所有的工作和关于自然的奥秘。由于失言，天使们被拒于天堂之外，因为他们让人们知道了不该知道的知识。”斯卡利格表示：“赫尔墨斯也证实了这一点，我们所有的学识（包括公开、隐秘的学识）也都证实了这一点。”这位作者还补充说，现在很难确定到底谁是赫尔墨斯，因为他的作品没有流传到我们这个时代，“最近在意大利以赫尔墨斯名义出版的作品显然都是伪品”。

事实上，这种具有“母系”社会色彩的化学起源的传说比我们这个时代所说的化学起源于5世纪要古老得多。按照犹太作家的说法，这只是导致人类被逐出天堂的传说的一个变体。在菲尼克斯人、波斯人、希腊人中也流传着类似的神话。我们可在西比拉的传说中追溯到化学的起源：西比拉孜孜不倦地探索神的奥秘，以此作为对太阳神阿波罗重用她的回报。一些致力于精心编制类似神话的神职人员在他们的叙述中特别地讲述了这些神秘的故事，其中包括符咒的使用，金、银、宝石的知识，染色工艺，画眉技术，等等。事实上，这些可能是各个年龄段的女人最想知道的奥秘。但值得注意的是，所有关于chemia（化学）的典故都暗示了chemia的知识是神圣的秘密，只有祭司才能知道，并由他们小心地守护着，即便罗马帝国迁都到了君士坦丁堡。在夏娃身上贴上永恒的污名，用“性”解释所有“男人不应该知道的事情”的起源，这是作家们的特点。

然而，在现实中，化学是起源于男性的。而且，化学的兴起与其说是因为男人对女人的爱，不如说是因为男人对葡萄酒的青睐。

用发酵工艺生产酒精可能是最古老的化学工艺。实际上，“酒（wine）”这个词最初表示的就是发酵产物。根据摩西史的记载，诺亚到了旱地不久就“种了葡萄，喝上了葡萄酒”。从这个记载来看，诺亚对葡萄酒的作用并不陌生。当埃及还是罗马的一个省时，古代史研究者迪奥多罗斯·西库鲁斯（Diodorus Siculus）就对埃及进行过研究。他表示，古埃及人把葡萄酒的起源归功于奥西里斯（Osiris），在古代埃及，酒和面包一样，也是一种祭品。此外，早在公元前2220年，中国人就开始酿酒了。公元前1880年，埃及人甚至已经开始酿造啤酒了。

埃及人擅长染色、制作皮革、加工金属和合金。他们精通铁的回火工艺，会制造玻璃、人造宝石和搪瓷制品。已知最早的搪瓷制品是埃及王后阿霍特普（公元前1700年）的护身符，而玻璃珠在图特摩斯三世（公元前1475年）之前就能制造了。犹太人熟悉金、银、铜、铁、铅和锡，事实上，正是通过他们和腓尼基人，欧洲人才逐渐熟悉了许多起源于东方的工艺产品。

金属提取和加工艺术的起源已经消失在历史的长河中。但是，据说金属化学的发展几乎与人类的发展同步。迪奥多鲁斯·西库卢斯在埃及发现了冶金工艺发明者的传统记录，这与拉麦和齐拉的儿子——希伯来人图巴尔·该隐的传统记录相同，图巴尔·该隐为罗马人的“火神”“锻冶神”。

毫无疑问，黄金是人类最早使用的金属之一，因为它可能是人类最早发现的金属之一。黄金在自然界中游离存在，与岩石和河流中的沙子混合在一起。黄金的颜色、光泽和密度很早就引起了人们的注意，它的延展性、柔软性、可塑性以及不可改变性都让其价值连城。最早为人类所知的黄金是埃塞俄比亚和努比亚的黄金。埃及人采用石英压碎法和淘金法提取黄金。在公元前2500年的埃及坟墓中，人们发现了黄金制作工艺的代表物。而且早在公元前2000年，埃及人就已经会用金丝做刺绣，并精通电镀、镀金和镶嵌了。

埃及人也使用白银。跟黄金一样，白银也被他们用来锻造货币。白银最初被称为“白色黄金”，现存的一些最古老的硬币就是白银和黄金的合金，很可能是由天然的含银金熔合而成的，例如帕克托罗斯河中的淡金。这种合金因其颜色与琥珀相似而被称为琥珀金。

再来说说铜。虽然古人在自然界中发现纯铜有一定的可能，但事实上，古人使用的铜很大一部分是从铜矿石中获得的，这些铜矿石的含铜量相对丰富而且冶炼难度不高。埃及人将铜用于铸币，并制成各种各样的器皿和工具。古代史学家们对铜、青铜和黄铜没有做明确的区分，通常用 œs 和 χαλκός 来表示铜。普林尼就常常不加区别地使用。《申命记》的第八卷中曾有着这样的叙述——“你可以从哪些山上挖黄铜”，这里的黄铜显然不是指我们今天所说的铜和锌的合金，因为它是不可能在自然条件下产生的。

纯铜是一种很软的金属，不适用于制作刀剑，但铜矿石中常含有伴生金属（如锡），这些金属赋予铜必要的硬度，使铜能被制成武器。这种铜合金具有青铜的特性。早期的工人就知道，从特定地域选择矿石能够极大地改变金属的特性。青铜是通过在金属铜中有意添加锡而产生的，这一工艺在铜的冶炼史上出现得相对较晚。

最初，使用铜最多的是罗马人，他们从塞浦路斯获得铜，给铜起名为 œs Cyprium，这个词经过演变，最后变成了 Cuprum。我们今天得到的化学符号 Cu 就来源于这个词。而罗马人所称的 œs（铜）在哈尔基斯也被发现过，因为在埃维亚岛上，人们曾发现铜的希腊语 χαλκός。

黄铜为早期的炼铜工人所熟知。在普林尼时代，人们通过用木炭加热铜、锌渣（菱锌矿）制成黄铜。

早在公元前 2000 年，亚述人就开始使用铜合金了，埃及人冶炼青铜用于制造镜子、花瓶、盾牌等，而大部分罗马人用青铜制作雕像，这些青铜中往往含有一定量的铅。

早期埃及人获得锡的地点最初是在东印度群岛，他们用梵语 Kastîra（Kâs 指照耀）向世人介绍锡这种金属，人们由此得到了锡的阿拉伯语单词 Kàsdir，以及荷马和赫西奥德所用的希腊语 Κασσίτερος。由于锡这种金属是在英国（康沃尔郡）的锡矿石中发现并由菲尼克斯人引入的，所以包括锡利群岛和东部10个大岛在内的一组岛屿都被罗马人称为锡石岛。

普林尼表示，锡是在冲积土的颗粒中发现的，可以通过洗涤冲积土获得，但是普林尼并没有描述过锡的熔炼方法。锡在拉丁文中被称为stannum，也叫白铅，真正的铅则被称为黑铅。锡被罗马人用来涂覆铜制容器的内部，有时也用于制造镜子。

埃及人对铅很熟悉。在普林尼时代，铅主要从西班牙和英国（德比郡）获得。罗马人用铅制成管道来运输水，用铅板盖屋顶。罗马人也了解铅和锡的合金。锗银就是由等份的铅和锡合成的一种合金。此外，锡铅合金也被用作焊接材料，这种焊料是由两份铅和一份锡合成的。

铁虽然是现在最重要的普通金属，却是在金、银和铜被发现之后很久才得以被普遍使用。原因大概在于，尽管铁矿石相对丰富，分布广泛，但作为一种金属，早期铁的提取对工艺和设备的要求比金、银、铜的高得多。不过，埃及人很早就掌握了铁的冶炼技术，他们熟知金属铁，并用铁（以可锻的铁或钢的形式）来制作剑、刀、斧和石凿。早在公元前2220年，中国人就知道了钢，也掌握了回火方法。中国钢铁的优良品质使其得到西方国家的高度重视。最早炼铁的人应该是沙利佰（Chalybes）人——一个居住在黑海附近的民族；钢铁的古老名称“chalybs”就是由沙利佰（Chalybes）这个民族的名字衍生出来的，我们使用的“铁剂（chalybeate）”一词同样如此。

人们早已知道汞，但是没有证据表明古埃及人知道汞的存在或者希罗多德提到过它。亚里士多德对汞很熟悉，泰奥弗拉斯多（公元前320年）也描述过用朱砂制造汞的方法，他称汞为“液态银”。普林尼知晓汞的混合工艺，他注意到汞具有溶解黄金的特性。普林尼似乎能把他在西班牙发现的本地金属——他称之为“阿根廷银”（快银）与从朱砂升华或蒸馏得到的金属（他称为汞，英文为hydrargyrum）区别开来，从中我们得到汞的化学符号Hg。

古人知晓相当数量的金属化合物，并将这些化合物用作药物和颜料。古人通过加热铜棒，使其发红并暴露于空气中，得到铜的氧化物（亦称为铜花、铜渣），用作杀真菌剂。铜绿（又称为碱性碳酸铜）的制造方法与现在的一样。普林尼描述了蓝矾（五水硫酸铜）的制作方法，表示该蓝色透明晶体是由悬浮在溶液中的物质形成的。

硅孔雀石、孔雀石或碳酸铜可用作绿色颜料。将碱、沙和氧化铜融合在一起，就可以得到希腊人所说的蓝色物质（罗马人称“蓝”为“cceruleum”）。而煅烧炉甘石和贝壳得到的锌渣，其包含的主要物质氧化锌可以用于治疗溃疡等疾病。钼，拉丁文为 litharge，可外用为止血剂，也可以用于制作石膏，罗马外科医生使用的铅石膏在性质和制作方式上都与当今使用的铅石膏几乎无异。将铅片暴露在熏醋中，就可以制作出与现在一样的白铅（Cerussa）。白铅一度用于制备医药、色素和化妆品。而红铅最初的名字是“Cerussa usta”，用于制作朱砂（水银的红色硫化物）——最初的朱砂经常掺杂红铅。

朱砂是一种非常珍贵的颜料，同时也是一种药材，其价值很早就为中国人所知。而锑的黑色硫化物，迪奥斯科利德斯称为 stimmi，普林尼称为 stibium，过去被用在亚洲、希腊和西欧女性身上，现在在东方，也依然用于染黑睫毛。同时，锑也可以做成医药制剂。此外，雄黄（砷的红色硫化物）、亚里士多德所述的 sandarach 和泰奥弗拉斯多所述的 arrenichon 都是既能用作色素，也能用于医学领域，且内外用均有。

除了上述几种可以用作颜料的化合物外，各种黄色和红色的赭石也可以用于提取色素，为画家们所用。如深红色的铁赭石（rubrica）和从埃及、利姆诺斯岛和巴利阿里群岛获得的红赭石（sinopis）都可以用作红色颜料。锰的氧化物可用作棕色颜料。人们在萨摩斯发现的一种白垩的变体则可以用作白色颜料。古人是非常熟悉靛蓝和红色染料的，也熟悉希腊艺术家沉淀染料的方法。

著名的紫色颜料（purpurissum）是将白垩或黏土浸泡在提尔紫溶液中制成

的。画家阿佩利斯采用的象牙黑（亦称象皮草）则是一种炭黑色的墨。古代西方人所用的墨水是由悬浮在树胶或胶水溶液中的灯黑制成的。从东方进口的靛蓝墨与中国墨水相似。

古人在印染技术甚至印花技术方面都很有造诣。提尔人早在公元前1500年就制作出了其特有的著名的紫色染料。这种染料是从生活在地中海的贝类（主要为骨螺）中获得的。研究表明，提尔紫是古人将贝类榨取的汁液风干或晒干得来的。《旧约》所述的细亚麻布很可能是棉的，埃及一直以棉布产品闻名遐迩。从汤姆森引用的普林尼的下面这段话看来，埃及人显然熟悉媒染剂的用途：

埃及盛行一种神奇的染色方法。在不同的地方对白布进行染色，不是用染料，而是用具有吸色特性的物质。将这些物质直接涂抹在白布上是看不见的，但当将涂抹了这种物质的白布浸入放了染料的热锅中时，染料立即就能与这类物质发生化学反应。最显著的特性就是，虽然大锅里只有一种染料，但布料上能出现好几种不同的颜色，而且这些颜色非常持久，以后也洗不掉。

这段引文准确地描述了给棉布上色的过程。通过使用不同的媒染剂（如氧化铝、氧化铁或锡的氧化物等），人们可从同一口锅中获得永不褪色的红色、棕色和紫色。

玻璃制品早就为人们所知。人们在底比斯（Thebes）和贝尼·哈桑（Beni Hassan）的纪念碑上发现了吹制玻璃器皿的描述，大量玻璃制品主要由腓尼基人从埃及出口到希腊和罗马。阿里斯多芬尼斯（Aristophanes）提到玻璃为晶体，并称其是用来点火的漂亮的透明石头。埃及人在有色玻璃中掺入各种金属氧化物。普林尼提到的 hæmatinon 是一种含有氧化亚铜的红色玻璃。人们用氧化亚铜将玻璃涂成绿色，或者加入钴将玻璃染成蓝色。罗马人从埃及获得的昂贵的大理石纹（vasa murrhina）玻璃中可能含有萤石，这种萤石与德比郡矿山中的蓝萤石相似。

人类从远古时代已开始制造石器，中国人从非常遥远的时代就开始制造瓷器。罗马人制造了砖和瓦，砂浆和灰浆涂料则是古埃及人开始使用的。

普林尼还提到过肥皂，但他显然不了解肥皂的洗涤性能。据说，肥皂的发明者是高卢人，他们用山毛榉的灰烬和山羊的脂肪制作肥皂，并把它当作润发油，就像罗马人一样。不过，古人之所以习惯利用木灰和泡碱，看中的还是它们的清洁属性。

淀粉、醋酸、硫黄、明矾、蜂蜡、樟脑、沥青、石脑油、苏打、食盐和石灰都是埃及人所熟悉的，且这些物料一直沿用至今，并没有发生大的改变。

从这次简单的调查中我们可以看出，古人已经具有相当高的化学操作水平，他们一定积累了大量的化学知识和实践经验。可惜的是，如今我们对于古人的实践方式以及古人为确保化学产品的质量而采取的具体措施知之甚少。我们今天所知道的化学品的制作方法，可能正是由古人小心翼翼地呵护，并作为宝贵的秘籍由后面的工艺人员传承下来的。

这些工艺娴熟的大师们在操作过程中一定遇到了许多异常复杂的情况，因此必须一直保持孜孜不倦的探究精神。但是，在行业遭到打击的情形下，科学精神并不能自由发展，因为科学在本质上取决于真理的自由交流和自然现象知识的传播。

此外，古代知识分子大多数情况下对工匠的操作缺乏同情心，至少在希腊人和罗马人中，这些工匠大部分等同于奴隶。哲学先贤们认为工业劳动往往会降低思想水平。在大多数时代，牧师对外人试图深入探究自然现象的行为都或多或少地质疑过。

由于宗教原因，早期对自然进行研究是不可能的。在有人提出宙斯的霹雳是云层碰撞的结果时，雅典人表现出了强烈的反对。阿那克萨哥拉、阿波罗尼亚的第欧根尼、柏拉图、亚里士多德、迪亚戈拉斯和普罗泰戈拉被祭司们指控亵渎神明并被驱逐出境。崇拜自然力量的普罗迪科斯就像恩培多克勒（提出主要元素）一样，因为对神明不够虔诚而被处死。雅典的祭司制度并不比意大利的圣会更认同科学，当时的圣会禁止出版哥白尼、开普勒和伽利略的著作，并将布鲁诺（全名乔尔丹诺·布鲁诺）绑在火刑柱上处死。

与此同时，受过教育的希腊人对观察或解释工艺流程的现象不感兴趣。他们更喜欢猜测，他们不愿意去实践或耐心地积累对物理事实的认识。柏拉图在他的一段对话中说：“希腊人永远都是儿童，既不会拥有成人的知识，也不会因有知识而成熟！”伪亚里士多德主义的影响持续了许多个世纪，甚至过了波义耳时代，该学说完全反对真正的科学方法。只有当哲学摆脱经院哲学的束缚，化学作为一门科学才得以发展。

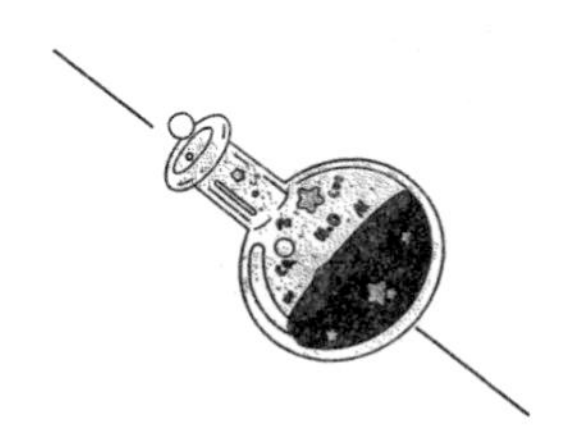

第二章 古人的化学哲学

古代关于物质起源和性质的推测——以水为本——米利都的泰勒斯坚持自己的学说，该学说对科学产生了影响——阿那克西美尼、赫拉克利特和费尔凯德斯的理论以火为本，提出了火、气、水、土四大基本原理概念——恩培多克勒将上述理论神化——柏拉图和亚里士多德坚持四行学说——逍遥学派哲学对科学的影响——阿拉伯科学——西班牙摩尔人的影响——阿那克萨戈拉、留伯基、德谟克利特的原子概念——原子理论的萌芽

关于物质的起源、性质以及影响物质的条件和力量的推测，在有记录的最古老的哲学体系中，都或多或少地能找到。这些推测绝非真正建立在对自然现象的系统研究之上。即便如此，由于这些哲学呼吁人类理性，其必须坚持以实践为基础，或者至少不是有意与实践相矛盾。所有最古老的宇宙进化论都将水视为事物的基本原理，将创造世界的“元素”或原理神化到诸神身上（从俄刻阿诺斯身上涌出了诸神）。

随着时间的推移，关于物质的起源和本质的学说与米利都的泰勒斯这个人名密切关联。泰勒斯生活在公元前 600 多年，根据特图利安（Tertullian）的记载，泰勒斯被认为是自然哲学派的鼻祖，换言之，泰勒斯是探究自然原因和现象的第一个职业哲学家。据了解，泰勒斯在埃及生活了若干年，并接受了底比斯和孟菲斯教士在科学方面的指导。从他的人生经历我们可以推测，他的宇宙学理论可能受到了埃及学说的影响。

值得注意的是，人们对教条的执着和对权威的尊崇，使泰勒斯的学说能够流传长达24个世纪，一直到18世纪末期，它还在影响着化学研究的进程。泰勒斯的学说影响了哲学家的实验工作，许多性格迥异的哲学家，如范・赫尔蒙特、波义耳、博尔哈夫、普里斯特利和拉瓦锡等都尝试证明或反驳泰勒斯学说的合理性。事实上，范・赫尔蒙特是泰勒斯学说最坚定的支持者之一，他一直在尝试通过观察来确立泰勒斯学说。在当时对空气和水的真实属性一无所知的情况下，泰勒斯的学说似乎是毋庸置疑的。最常引用的或许是范・赫尔蒙特对一棵植物生长的观察，这棵植物除了水没有其他形式的营养来源。范・赫尔蒙特描述了他如何将一棵重5磅（1磅≈0.454千克）的柳树种植到重200磅的土壤中。土壤预先在烤箱里烘干了。范・赫尔蒙特给这棵柳树定期浇水，5年后发现其重达169磅3盎司（1盎司≈28.35克），而泥土在二次干燥后仅失掉21盎司的重量。因此，164磅的木、叶子、根等物质似乎是单独由水生成的。一个多世纪之后，范・赫尔蒙特的实验才真正得到解释。这种解释首先受到英格豪斯和普里斯特利的研究结果支撑。

尽管古代各哲学体系中都有关于原始“元素”或通用原理的思想，但古代哲学家们对该原始“元素”或通用原理的属性的认知并不相同。公元前约500年，阿那克西米尼认为这种元素是空气，赫拉克利特却认为这种元素是火，而费尔凯德斯则认为这种元素是土。这种以单一的原始原理来解释所有形式的物质以及物质世界的所有现象和表现的做法本身就有问题。其实，甚至在泰勒斯时代之前，人们就尝试将不同的属性归纳为原理，并据此构建宇宙。认为此类原理或“元素”可相互转换的观点是一个相对简单的进化步骤。阿那克西米尼的“雨的形成”理论是对这种可转换性的默认。这位哲学家解释说雨是由云层凝结而来，而云层又是由空气凝结而成的。一切都来自空气，一切又都回到空气中。古人最早的时候就推断水经由火可转化为空气。这种假设自然诞生于这样一种情况：人们认为水在任何地方都是在火或太阳热的影响下消失或进入空气的。这种假设在中世纪已发展成一种定势思维。甚至到了18世纪末，普里斯特利也认为自己已经获得了这种相互转化的证据。水能嬗变为土是贯穿了20个世纪的一种观念，直到1770年才被拉瓦锡明确否定。而火是主元素的观念源于迦勒底人、斯基泰人、波斯人、帕西人和印度教人对火或太阳的崇拜，因此不难追溯热是如何成为其他元素的前身或与之相关的。显然，我们认为恩培多克勒是再度介绍四个主要元素——火、空气、水和土的明确概念的第一人。恩培多克勒认为这些物质是独特的，不能互相转化，而是通过不同比例的混合形成各种物质。他将这些元素神化：宙斯代表火，赫拉代表空气，涅司蒂代表水，埃多涅乌代表土。

柏拉图采纳了四元素说，亚里士多德对其进行了详细阐述，而他的名字也确实与四元素说有着广泛的关联。亚里士多德是希腊最伟大的科学思想家，在近20个世纪里，他的权威在欧洲至高无上。亚里士多德的影响在波义耳时代后很长一段时间的化学文献中依然可以看到。即使是现在，亚里士多德的思想依然具有生命力。如今那些撰写化学回忆录的作者，以及那些遵循古老的惯例、在序言里先陈述已知的知识再介绍自己对学术的贡献的作者，都很少意识到自己在遵守亚里士多德的否定论。亚里士多德关于物质本质的理论包含在其《产生和毁灭》的论文中。他的理论与恩培多克勒的理论的区别在于，他认为每个“元素”都具有两种属性，其中一种属性是另一元素所共有的。

比如，火可以看作是由热和干这两种属性产生的，空气是由热和湿这两种属性产生的，水是由冷和湿这两种属性产生的，土是由冷和干这两种属性产生的。

在各主要“元素”中，都有一种属性占上风。火中，热占干的上风；空气中，湿占热的上风；水中，冷占湿的上风；土中，干占冷的上风。这些属性的相对比例和相互作用决定了“元素”的具体性质。因此，如果水的湿度克制了火的干燥，就会产生空气；如果土的寒冷克制了空气的热量，就会形成水；如果火的干燥克制了水的湿度，就会产生土。古代化学文献中有许多表示四种“元素”的可转化性或相互关系的插图或图表。

人们常说，逍遥学派哲学的影响不利于科学的发展。但事实上，这个学派的创立者，即阿斯克勒庇俄斯的后裔，无疑是古代最伟大、最开明的思想家之一。他是一个理想的科学家，这一点在他的作品中得到充分证明。许多所谓的亚里士多德主义完全不同于亚里士多德的教义精神。中世纪的亚里士多德学派主要是辩证法学派，关注点几乎完全在亚里士多德的三段论的推理形式上，对亚里士多德体系并未真正认同和了解。许多被认为是亚里士多德说的、因而受到推崇的话，无疑也是假的。大师的名声因此受到了那些自称为逍遥论者的人的影响，这些人并不是真正意义上的他的方法的追随者或者他的教义的解释者。亚里士多德断言，自然科学只能建立在对事实的认识上，而事实只能通过观察和实验来确定。亚里士多德特意引用天文学来说明这一点，他说："天文学是建立在对天文现象的研究之上的，科学或艺术的每一个分支都是如此。"因此，那些认为亚里士多德教授的哲学与真正的科学方法背道而驰的说法都是错误的、不合理的。

亚里士多德的理论经由拜占庭作家传播到埃及；在 7 世纪阿拉伯人占领埃及时，阿拉伯人采用了亚里士多德体系，并将该体系传播到其征服的所有地方。在 8 世纪，亚里士多德体系被阿拉伯人带到了西班牙，并在阿拉伯人占领西班牙的时期发扬光大。从 9 世纪到 11 世纪，欧洲大部分地区处于野蛮状态。在优素福和雅库伯的仁慈统治下，穆斯林哈里发使西班牙成为唯一一个保护科学并使之免于灭绝的国家。科尔多瓦、塞维利亚、格林纳达和托莱多成为西欧学习科学的主要场所；主要是通过"完美和最光荣的物理学家"、穆斯林教徒伊本·鲁世德［人们更熟悉的他的另外一个名字"阿威罗伊"（1126—1198）］对科学的传播，诸如罗杰·培根这样的基督教徒认识了亚里士多德哲学体系，而且主要是通过贾伯（Geber）、阿维森纳那样的穆斯林教徒，他们才认识了东方的科学。

物质是由粒子或原子构成的，并且这些粒子处于不停运动的状态，这一思想与印度、腓尼基哲学相符。该思想由阿那克萨哥拉、留基伯和德谟克利特传授给希腊人，再由卢克莱修传授给罗马人。留基伯和德谟克利特解释说，世界完全是由物理因子创造的，是不受创造性的智力干预的。根据他们的理论，原子不仅在大小上，而且在重量上都是可变的；最小的原子也是最轻的；原子是不可穿透的；两个原子不能同时占据同一个位置；原子的碰撞产生一种振荡运动，这种振荡运动传至相邻的原子，而这些原子又将其传至最遥远的原子。阿那克萨哥拉解释说，每个原子都是一个小型世界，而生命体是由维持原子营养物质衍生出来的原子团。植物是生物，像动物一样具有呼吸功能并是由原子构成的。这位哲学家的思想在当时是大大超前的，所以他的同行根本理解不了，还指责他亵渎神灵，最后他只能通过逃跑来摆脱死亡。

此外，这些原子相互吸引、排斥的假设和原子运动的概念密不可分，而且很有可能与原子的基本概念一样古老。虽然原子观点的产生地并非后来原子学说蓬勃发展的地方，但现在这些对于我们来说都不重要。我们完全不必在“原子学说的可分性或不可分性”这一古老的形而上学的谬论上较真，正如卢克莱修所说，最早的原子理论成立的可能性非常低。物理原子可能是未分割的事物，而不是不可分割的事物。这一理论，在朦胧的古代依稀成形，随着时代的变化得到了发展和强化，并且在化学实践的现代应用中，取得了即使是诗人和古代思想家也无法想象的精确与和谐的成果。接下来的章节，我们再来讲讲化学这门科学是如何由受约束一步一步走向启蒙，又是如何活跃起来的。当今的化学在本质上其实就是对这一原始学说的无限细化，在某种程度上，这个说法一点也不夸张。

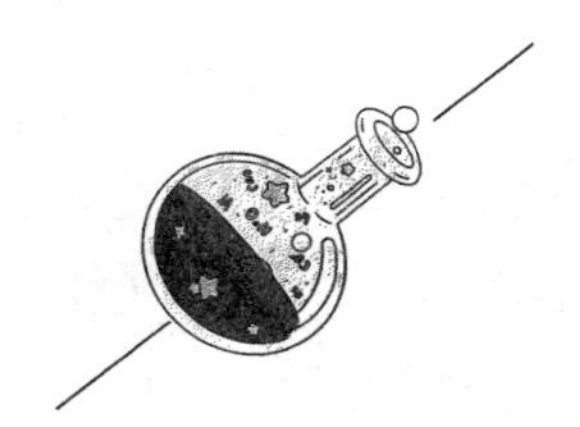

第三章 炼金术

希腊思想对化学发展的影响——金属嬗变思想的起源——炼金术理论的哲学基础——金属属性的炼金理论——贤者之石概念的起源——贾伯炼金术与占星术关系——拉芝斯、阿维森纳——阿拉伯化学家所知的化学工艺和物质——西方炼金术士——阿尔伯特·马格努斯、罗杰·培根、雷蒙德·鲁利、阿诺德斯·维拉诺瓦努斯、约翰内斯·德·鲁比西萨、乔治·里普利、巴兹尔·瓦伦丁

尽管很难认定希腊知识分子的取向是否有利于化学作为一门科学的发展，但希腊人对物质本质和“元素”相互转化的推测却在不经意间推动了实用化学工艺的发展。这种发展源于人们对认识的哲学家提出的金属嬗变理论的实践。金属嬗变思想起源于最古老的哲学体系，是一种似是而非的学说，并未得到有机世界现象的完全证实。所以，这种思想要想发展起来，只能寄希望于那些怀有贪欲、想要借此发财的人（比如炼金术士），以及少数真正热爱化学的人。

人们认为炼金术在其历史上绝对没有丝毫的哲学基础，但炼金术的传授者和行家们却从一开始就有意利用人们的信任和贪婪，蒙骗人们，炼金术是一种能创造出财富的哲学。不过，这种片面的观点如今遭到多数人的反对，因为它不符合历史或进化趋势。正如戴维坦言：“类比多发错误。”这种认为金属可以改变甚至变为另一种金属的思想似乎在无数知名但不完全被人理解的化学现象中得到了支持。一群流民从事从其他金属中炼金这种职业，这个事实并不能证明炼金术没有或不可能有哲学基础。

物质在火、空气和水的影响下，或由于其相互作用而经历的变化，往往都令人印象异常深刻，即使是最肤浅的化学工艺，早期研究者也不可能没有印象。事实上，此类简单的化学反应所表现出的许多外观特征（如颜色、光泽、密度等）的变化远比个别金属之间（如铅和锡之间、锡和银之间、黄铜和金之间）的区别明显。最早的金属从业者知道，通过与其他矿石的反应或添加其他金属，铜矿石会呈现黄金的外观特质。莱顿大学保存的莎草纸被认为是现存的最古老的化学论文，这篇论文记载了各种金属和合金加工方法，并描述了仿造、锻造贵金属的方法，解释了砷如何使金属呈现白色，并叙述了在加工铜的过程中添加镉就能使铜具有黄金的颜色的现象。这篇论文还描述了一种利用硫黄使金属变黑的方法。

这些早期工匠对化学现象和化学过程的有限认识非但没有否定金属嬗变理念的可能性，实际上反而助长了这种认识。由于人们不了解黄铜的真正性质，也不知道黄铜与铜的确切关系，可以合理地假设，如果可以通过一种本质上为化学的方法使一种物质获得黄金的某些属性，那么通过相似的方法就可以使它获得足够的属性，成为纯度更高或更低的黄金。同我们一样，对于这些工匠而言，生成物的纯度越高证明工艺越完美，在这方面，旧时的炼金术士与我们今天的冶金学家在认知上并没有什么不同。

从前面这些例子中可以看出，其实完全没有必要将那些早期的尝试假设成故意、蓄意的欺诈，就像那些用铅和锡合金来伪造银币的行为一样，第一批炼金术士真心实意地想要制作一种具有黄金真正性质、属性的物质。事实上，金属嬗变理论在本质上是有理论基础的，可以将它看作是一切形式物质的本质都可以通过某些方法改变的古老信念的发展。

正如亚里士多德根据“元素”的比例来确定物质的属性，一种金属的特性取决于“硫”和“汞”的相对比例。这些术语与我们今天所理解的硫和汞并没有必然的联系，它们仅仅表示物质的性质。“汞”赋予物质金属属性，就是我们今天所说的光泽性、可锻性、延展性和易熔性；而“硫”则赋予了物质可变性，也就是物质用火烧后会发生变化。通过改变这些组成元素的相对比例，或通过化学操作提纯，人们认为一些金属可以相互转化。为了实现提纯，人们尝试添加各种各样的被称为“药物”的制剂（其中主要是灵丹妙药、魔法石或贤者之石），最终实现了最贵金属的转化。

阿拉伯单词 kímyâ 和 iksír 最初是同义词，都用来表示能将廉价金属转化为银和金的媒介物质。最后，第一个术语成了炼金术的专有名词，而 iksír 或 al-iksír 则继续表示用来表示影响嬗变的媒介物质。后来的作家经常用这个词来表示液体制剂，于是我们有了“elixir”这个词，它总是表示“液体”。

关于金属的化合物性质以及金属的相互关系的炼金化学理论常被认为是贾伯提出的，但是作为这一理论有力的践行者，贾伯明确表示，这一理论并不是由他创建的，而是他在前人的著作中发现的。

石头、贤者之石、魔法石、灵丹妙药、酊剂、第五元素，这些术语在炼金术文献中均指转化媒介。通过这些文献，我们可以得到另一个与金属起源有关的理论，这个理论可以追溯到遥远的中世纪时期。古人一直认为，金属是在地球内部产生的，就像动物和植物在地球表面产生一样，金属也需要类似种子或精液的东西来启动自身的形成。而炼金术的一大难题就是如何尽可能多地发现这种物质，因为一个炼金术士掌握这种物质的多少，在某种程度上决定了他炼制出完美金属的可能性。这种关于金属概念的观点贯穿于许多炼金术的文献中，解释了许多典故和许多作者的术语。例如，炼金术士进行化学实验的熔炉常常被称为“哲学孵化蛋”。

很难说炼金术是在何时、何地起源的。没有证据表明炼金术拥有某些能工巧匠声称的古代起源。欧罗斯·博里修斯将炼金术时代称为杜巴该隐时代。最早的炼金术作家可能是拜占庭教士，他们当中的一些人主张将炼金术的起源归于埃及，最终归于神话中的神赫尔墨斯，而这种说法也恰恰解释了赫尔墨斯与化学的关系，比如为什么化学也叫“赫尔墨斯技术”“赫尔墨斯秘密”等。

目前，已经得到证实的是，在10世纪以前的某个时期，曾经出现了特殊的工艺化学药剂师阶层，他们中的大多数人在化学方面的知识积累比从事工艺产品制造的工匠和技工多得多，在化学操作方面也更熟练。这些药剂师致力于探索将普通金属、贱金属转化为银和金的方法。第一个已知的关于化学这门学科的定义就与这个特殊阶层的目标和操作相关。这个定义出现在11世纪的希腊作家苏达斯的辞书里，苏达斯认为化学就是制备银和金的学问。虽然化学的定义起源于希腊，但是有记载的人工制备贵金属的尝试可能起源于阿拉伯，阿拉伯人在对化学的探索方面紧随埃及人和希腊人。

赫西俄德和荷马均没有提到用其他金属制备黄金的技术，也没有提到万能药剂。亚里士多德和他的学生西奥弗拉斯也没有提到这些技术。普林尼没有提及贤者之石，尽管他描述了卡里古拉的轶事——卡里古拉在贪欲的诱惑下，尝试通过蒸馏从雄黄中提取黄金。“结果，卡里古拉确实获得了两样最好的物质，但数量非常少，且耗费大量的劳力和工具，以致所得不足以弥补消耗，于是卡里古拉放弃了。”

根据博尔哈夫的说法，第一个提到炼金之城（al-chemia）的作者是朱利叶斯·费尔米库斯·马特尔努斯，他生活在君士坦丁大帝的统治时期。朱利叶斯·费尔米库斯·马特尔努斯在他的数学著作中提到了天体的影响，他认为：“如果一个孩子出生时月亮处于土星宫位置，这个孩子应精通炼金术。”

第一个论述金属转化可行性的作者可能是一位名叫埃涅阿斯·加缪斯的希腊神学家。埃涅阿斯·加缪斯生活在5世纪末，写了一篇关于西奥弗拉斯的评论。提到金属转化理论的作者还有很多，包括西奈人阿纳斯塔提乌斯、辛塞鲁斯、斯蒂芬斯、奥林匹奥多罗斯。博尔哈夫曾经说过：“后来还有不少于50人提到过金属转化的技术，他们都是希腊人，且大部分是僧侣。这门技术现在似乎只限于希腊人拥有，在他们当中，除了宗教人士之外，很少有人写作。极度的懒惰和孤独的生活方式将他们引向了虚荣和狂热的深渊，对艺术造成了极大的损害，还有掺假……而他们那学生式的自然风格写作，充斥了教条、怪诞和晦涩。”

实验炼金术不同于工业化学，可以说是起源于阿拉伯人。起初，炼金术被认为是医术的一个分支，人们总认为炼金术的传授者是忙于制备化学药物的内科医生。后来，在哈里发的统治下，化学研究取得了相当大的进步，其文献也得到了极大的扩充。在 8 世纪的化学史上，最著名的人物是阿布·穆萨赫·德夏比尔·苏菲和贾伯（702—765）。据说贾伯是美索不达米亚的土著或希腊人、基督徒，后来他信奉伊斯兰教，到访亚洲，并学习了阿拉伯语。据描写阿拉伯古代史的希腊人莱奥·亚菲里加努斯说，贾伯的书最初是用希腊语写成的，后来被翻译成阿拉伯语，直到翻译成阿拉伯语之后，人们才知道他叫贾伯。贾伯这个名字在阿拉伯语里是指伟人或王子。传说贾伯作品的拉丁文译本最早于 16 世纪早期出版，英文译本 1678 年出版。据此可以得出，贾伯认为所有的金属都是“硫”和“汞”的化合物，它们之间的差别取决于硫、汞成分的相对比例和纯度。据说他以行星的占星学名称来区分这些成分：黄金表示太阳，银表示月亮，铜表示金星，铁表示火星，锡表示木星，铅表示土星。金属与恒星之间存在着神秘的联系是炼金术信仰的一部分，这种信仰的影响至今仍可在化学文献中找到，在医药文学中也体现得非常明显，例如，银丹、火星制剂、土星溶液等说法依然在我们今天的医学中有着广泛的应用。

很多人认为万能灵药的理论源于贾伯。人们产生这种观点可能是因为对贾伯的表述有一些误解。炼金文学是一种充满寓言色彩的特殊文学，其中的很多描述其实只是一种比喻。比如贾伯描述了一种能治疗所有麻风病人的药，这种药是万能的溶剂或转化剂。在这里，其实贾伯想表述的和麻风病一点关系也没有，他说的是黄金，和金属的嬗变有关：黄金对于人类的重要性就像万能药剂对于麻风病人一样。这只是一种寓言。此外，贝特洛已经证明，事实上有两个贾伯，一个被普遍认为是阿拉伯血统，另一个尚未确定身份，可能是西欧人，大约生活在公元1300年左右。[①]

在阿拉伯炼金术的历史上，也出现了许多著名的炼金术士，包括：拉芝斯，即艾卜·伯克·阿尔·拉齐（865—924），以及阿维森纳（980—1037）。拉芝斯是波斯人，是盖伦和希波克拉底的弟子，在巴格达行医。阿维森纳是穆斯林中最杰出的医生之一，也是一名多产的作家，是布哈拉土著。他在科学史上主要以其著作《医典》而闻名于世，在《医典》中他描述了药石的组成和制备。他至少写了一篇关于炼金术的论文，但其他人认为他的炼金术著作是伪作。罗杰·培根和阿威罗伊提到东方哲学时，说在他身上没有炼金学的任何痕迹。

虽然可以适度肯定贾伯时代的炼金术士和他的弟子对使用化学知识有着相当的了解，但在炼金术时期，有太多无耻的文学造假，以至于始终无法确定早期化学家所掌握的知识的精确度。

阿拉伯化学家似乎已熟知并采用许多常规的化学工艺，如蒸馏、升华、煅烧、过滤。这些化学家制备了许多盐类物质，如碳酸钠、珍珠灰、卤砂、明矾、绿矾、硼砂、银丹、朱砂。他们似乎熟悉某些矿物酸，并了解王水的溶剂性质。

对炼金术文献的研究有助于阐述炼金术的原理和信条是如何形成和发展的。人们第一次听说贤者之石是在12世纪。在此之前，许多希腊和阿拉伯学者满足于金属嬗变的研究成果，而没有指出制作贤者之石的方法。万能药和长生不老药是那个时代晚期的产物，在13世纪之前还没有被提到过。

炼金术在中世纪蓬勃发展，甚至持续到19世纪早期。炼金术史不过是人类易受骗历史上一个漫长的篇章。在很大程度上，炼金术史记载了人类的掩耳盗铃、冒名顶替和欺诈。炼金术衍生了大量的文学作品，主要是7—14世纪教会成员的成

① “菲莱莎”的作品被保存在梵蒂冈图书馆，名为《阿拉伯之王》，由希伦出版，这几乎没有什么疑问。由西罗、菲利普、尼采、法兰克福和莱比锡在1710年出版的著作是伪造的。

果，但是关于人工制备贵金属或发现万能灵药或长生不老药的成果却甚为稀少。

尽管无法确定明确的分界线，但在涉及个人炼金术历史时，人们总是习惯地将其简单地分为帕拉塞尔苏斯前和帕拉塞尔苏斯后两个时期。因为在帕拉塞尔苏斯的启发和示范下，炼金术自诩在其研究对象方面获得了极大的发展。这些炼金术的发展言过其实，以至于人们的盲从性越来越大，炼金术逐渐因自负而声名狼藉，也因自身的荒谬而堕落。

西方最著名的早期炼金术士之一是阿尔伯特·格罗特（或称阿尔伯特斯·马格努斯），1193 年生于劳因根。阿尔伯特·格罗特是一位多米尼加的僧侣，担任雷根斯堡的主教。后来，他辞去了主教的职务，隐退到科隆的一个修道院，在那里他将自己献身于科学，直到 1282 年去世。在此期间，他写了大量的关于化学的文章，大部分都是用清晰易懂的语言写的，所以他的著作比大部分炼金文学好懂得多。阿尔伯特·格罗特讲述了他那个时代已发现的化学物质的起源和主要性质，并描述了化学家使用的仪器和工艺，如水浴、蒸馏器、梨坛和灰皿。他提到酒石、明矾、苛性碱、红铅、硫肝（粗制五硫化钾）、绿硫酸和黄铁矿。与阿尔伯特·格罗特齐名的是“奇异博士”罗杰·培根，他是同时代最博学的人之一。1214 年，罗杰·培根出生在萨默塞特的伊尔切斯特附近，从牛津大学毕业后，他成为一名修士，从事哲学研究，写了许多关于炼金术的文章。他描述了用什么可能制成火药，但没有确凿的证据证明火药是他发明的。他在 1249 年前写的《艺术和特性的秘密》一书中，对提炼硝石进行了说明，并在他的著作《火药和弹药》中用变位词科洛内尔·伊梅（Colonel Hime）解释。罗杰·培根表示可以用 7 份硝石、5 份小榛木及 5 份硫黄制成“会发出轰鸣噪音和明亮闪光”的混合物。罗杰·培根于 1285 年去世。

雷蒙德·卢利是培根的朋友和同学，1225 年（另一说是 1235 年）出生于马约卡，1315 年逝于故地。他是一名方济各会成员，享有炼金术士的盛名，许多关于炼金术和化学过程的书籍都是他写的。雷蒙德·卢利描述了获得硝酸和王水的方法，并研究了硝酸和王水对金属的作用。这位科学家通过蒸馏获得酒精，熟悉借助碳酸钾脱水的方法，还知道通过煅烧酒石膏可以获得碳酸钾，制备了各种酊剂、精油以及一些金属化合物（如红白沉淀物）。此外，人们普遍认为雷蒙德·卢利是万能灵药的首创者。

其实，把这些成就都归于雷蒙德·卢利是很难让人相信的。毕竟很多发明成果看起来就不像是他那个时代能实现的。但是这种情况在历史上并不少见，一些著名学者的信徒或弟子就经常这么做。他们以大师的名义宣传自己的成果，让大师为自己背书，这种做法在后世逐渐发展成一种被人们默认的做法了。

博尔哈夫曾说："许多书中充满了我们后来的学者的实验和观察，所以，要么这些书一定是假想的，要么古代的化学家一定已经熟悉了一个现代实践发现的世界"。比如，一本记载了雷蒙德·卢利的书中曾记录了这样一个故事，说卢利由于渴望治愈一名罹患乳腺癌的少女而投身于化学研究，他作为一名传教士前往非洲，但在非洲期间，他被投掷石块致死。有更多的记载表明，在卢利有生之年的一段时期，他奉国王之命在伦敦塔制造了黄金，并向爱德华三世提供了价值 600 万英镑的黄金用作镇压异教徒的资金。对于这些记载，博尔哈夫给出了冷冰冰的评价，他说："这位杰出能手的历史真是错综复杂啊。"

据说阿诺德斯·维拉诺瓦努斯〔Arnoldus Villanovanus，或名阿诺德·德·维伦纽夫（Arnaud de Villeneuve）〕是法国人，生于 1240 年，曾在巴塞罗那行医，因其异端观点招致教会仇视，被迫离开西班牙，过起了流浪的生活，最后在腓特烈二世的保护下定居西西里，成为一名医生并赢得了显赫的声名。据说，克莱蒙五世在阿维尼翁生病时，曾传召他去那里。1313 年，阿诺德斯·维拉诺瓦努斯在一次海难中丧生。

约翰内斯·德·鲁比西萨（或名让·德·拉奎泰拉德）是一名大约生活在 14 世纪中叶至末期的方济会修士，他撰写了大量关于炼金术的论文，并描述了提纯甘汞和腐蚀性升华的方法。约翰内斯·德·鲁比西萨被指控使用巫术，被英诺森六世下令关进监狱并死于狱中，死后安葬在维尔弗兰奇。

乔治·瑞普利，英国人，布里灵顿教士，于15世纪下半叶从事炼金术。英诺森八世在位期间，他在意大利逗留过一段时间。回到英国后，他成了一名加尔默罗修会修道士，1490年去世。像培根一样，他也被控告使用巫术。据蒙达努斯所说，他成功地运用炼金术为罗兹岛抵御突厥人，并向耶路撒冷的圣约翰骑士提供了大量黄金。

巴兹尔·瓦伦丁是炼金术史相关的最重要的人物之一。人们对于他的个人历史一无所知。巴塞尔·瓦伦丁应是15世纪后半叶居住在萨克森州的本笃会僧侣。人们推断认为，属于他的众多著作实际上是各类大师的作品。马克西米利安一世试图找到这些原作者的身份，但都是徒劳，此后的调查也没有取得进一步的结果。于17世纪初首次出版的一系列以巴塞尔·瓦伦丁本人姓名命名的书籍，公布了许多当时还不为人知的化学事实，其中最重要的是锑及其制剂（如氯化锑、氯化氧锑、锑氧化物等）。巴塞尔·瓦伦丁几乎发现了砷、锌、铋和锰。他描述了若干汞制剂；他知道很多铅盐；他提到了雷酸金，并发现可通过将铁浸泡在蓝色硫酸溶液中而镀上铜；他知道绿矾、铁和铵的复合氯化物，并提出了制造大量其他金属盐的方法，如我们现在所熟悉的卤砂（氯化铁）。据说瓦伦丁还制备了乙醚、乙基氯化物和硝酸盐。

如前所述，我们有理由相信许多出版的作品都是由一些名不见经传的后人所写，这些学者也因此获得了名声。可以肯定的是，他们的观点中有很多共同点：他们都把金属嬗变和金石的存在看作是不可争辩的事实。他们遵循贾伯的假设，认为所有金属本质上都是化合物，是由汞的本质或“元素”与硫的本质或“元素”按不同比例结合在一起组成的。

炼金术士是属于那个时代的专业化学家，其中很多人是执业医师。事实上，我们可以得出专业化学起源于物理实践的结论。随着化学产品数量的增加以及其在治疗学中的价值日益受到重视，另一个炼金术流派出现了。这派炼金术士并未将全部精力集中在金属的嬗变上，而是更加重视化学和医学的密切关联，这个学派的炼金术士被后来的人们称为“医用化学家”。由于医用化学家的学说对化学的发展产生了很大的影响，所以我们最好用一个专门章节来写这些化学家和他们的老师。

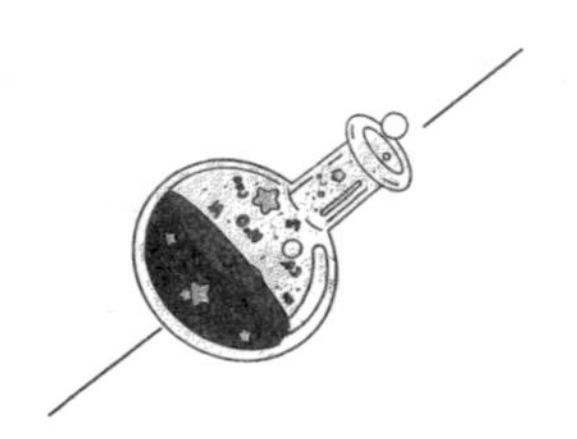

第四章 贤者之石

中世纪的炼金术——宗教与炼金术的关联——所谓的贤者之石的属性——描述的贤者之石属性——贤者之石的力量——万能药——永葆青春的灵丹妙药——万能溶剂——炼金术的反对者：伊拉斯提乌斯、康林吉斯和基尔彻——“德国的赫耳墨斯”：鲁道夫二世、与炼金术士来往的基督教王子——部分炼金术士的命运——炼金术和炼金术封闭社会的持续性——培根勋爵论炼金术

在14、15和16世纪，人们对炼金术的狂热达到了宗教的高度，而对金属嬗变的信仰、对贤者之石的美德和力量的信仰、对万能灵药的信仰、对万能溶剂和长生不老药的信仰则构成了对炼金术的信仰体系。炼金术获得的地位在某种程度上得益于罗姆什教会对炼金术的态度。许多有名望的主教和教父都被称为炼金术士；在整个基督教世界的修道院里都有化学实验室（如同埃及的寺庙里的）。比如，教皇约翰二十二世位于阿维尼翁的宫殿里就有一个实验室，他是1557年出版的名作《变形术》（*Ars Transmutatoria*）的名誉作者。炼金术之所以获得这么崇高的地位，很大程度上是因为炼金术迎合了人类一些最强烈的心理——对健康的渴望、对死亡的恐惧和对财富的挚爱。炼金术是一个设计巧妙的系统，它利用了人性的弱点。然而，应该说，教会对于炼金术的政策并非一直是持续的、有利的。炼金术偶尔会受到教皇的禁令约束，但有时会为了适应基督教祭司的紧急需

要，禁令也会被取消。

最先将通神论和神秘论引入炼金术的不是阿拉伯人，而是基督教信徒。中世纪宗教与炼金术的紧密联系在卢利、阿尔伯特斯·马格努斯、阿诺德·德维伦纽夫、巴兹尔·瓦伦丁和其他教士的著作中显而易见。这些人在书中一边讲述着炼金术，一边随意散布着对神权的召唤。即使是非专业的炼金术士也声称要以雷根斯堡的好主教为榜样，以他们的戒律来支配自己的生活和行为。炼金术士被教导要做到以下几点：有耐心、刻苦和坚忍；谨慎和沉默；独自劳作；回避祭司和贵族的宠爱；对研磨、升华、固定、煅烧、溶解、蒸馏和凝固的每个操作都请求神的祝福。

炼金术依靠其对人类一些最低级本能的吸引，即使在其衰败期也从未断绝。虽然后人偶然提起这段时期，也只是把它当成科学史上的一个过渡，但是，即使是在炼金术的衰败期，炼金术中传授的信条和实践细节也依然会源源不断地吸引好奇者。而贤者之石也是这样，无论在哪个时代、哪个时期，人们对于贤者之石的讨论和实践从未停止过。

关于贤者之石的讨论有很多，首先被人们讨论的，就是贤者之石的本质。贤者之石在最初被人们认为是伟大的魔法、第五元素，许多炼金术士自称见过并触摸过贤者之石。人们往往将贤者之石描述为一种红色粉末。卢利提到贤者之石时说，贤者之石真正的名字叫红榴石；帕拉塞尔苏斯说，贤者之石像一颗红宝石，又像玻璃一样，透明而易碎；贝里加·德·德皮萨说，贤者之石呈现野罂粟的颜色，散发着热海盐的味道；范·赫尔蒙特说，贤者之石像藏红花，有玻璃的光泽。赫维提斯将贤者之石的颜色描述成硫黄的颜色。最终，一位化名为“卡莱迪（Kalid）”的无名作家说，贤者之石的颜色可以是任何颜色——白色、红色、黄色、天蓝色或绿色。贤者之石究竟是什么样的，我们不得而知，但是由于这种物质完全是虚构的，所以在一定范围内的合理想象我们都是可以接受的。

一些炼金术士认为，魔法分为两类，一类是生产黄金所需的大魔法；另一类是只能使金属升级到银的级别的小魔法。而对于实现金属嬗变所需的廉价金属，不同的炼金术士也有不同的说法。阿诺德·德维伦纽夫和鲁普西萨声称，大魔法转化一份黄金需要 100 份廉价金属；罗杰·培根认为需要 10 万份；而荷兰的艾萨克认为需要 100 万份。雷蒙德·卢利说，贤者之石的巨大力量在于能让原本无限量的廉价金属变得金贵起来。

在炼金术士的印象中，贤者之石的作用显然不只是提炼贵金属这么简单。随着时间的推移，炼金术士们发现贤者之石除了具有嬗变的属性之外，还具有其他属性，比如医疗属性。虽然博尔哈夫曾经推测，万能灵药的观念可能起源于人们对贾伯那个关于 6 个麻风病人的寓言的过度解读，但是在 14 和 15 世纪，人们确实将贤者之石严格定义为一种保持健康、延长生命的方法。医生会建议病人将一类谷物泡在足量优质的白葡萄酒中，装在一个银制的容器中，然后在午夜后饮用，这样病人就会在间隔一段时间后康复（取决于疾病的严重程度和病人的年龄）。此外，为了保持身体健康，病人还需要在春、秋之初重复服药，以巩固疗效。丹尼尔·撒迦利亚说："人们通过这种方法可获得非常健康的身体，直到生命完全结束。"荷兰的艾萨克和巴兹尔·瓦伦丁明确表示，在上述情况下，应每月服用一次，这样生命就会被延长，直到"上帝确定的大限"。在这里，他们并没有具体说上帝确定的大限到底是多少岁。但是其他炼金术士在预言方面并不保守，阿特福尔斯认为人类的生命极限将延长至 1000 年。炼金术士古拉多据说已经活了 400 年。据说，雷蒙德·卢利和所罗门·崔斯莫森甚至还通过这种方式重返青春。文森特·德博瓦伊斯说，挪亚能高龄生子完全是靠贤者之石。狄金森还写了一本书来证明，先祖们之所以能长寿同样是因为贤者之石。

后来，随着贤者之石的应用越来越广泛，人们不仅认为它可以赋予人们健康和长寿，甚至还认为它可以增加人们的智慧和美德。按照他们的思路，贤者之石可以让普通金属变成金属中的贵族，同样也可以把人的内心从虚荣、野心和邪念中解脱出来，将不幸变为幸运，把人变得像亚里士多德或阿维森纳一样聪明。相传，亚当就是从神的双手中领受了贤者之石，然后将之赠与所罗门的。我们如今很想知道，既然他拥有贤者之石，那他将它送到俄斐（《圣经·列王记》中盛产黄金和宝石之地）获得黄金不是更好吗？

今天，我们试图研究各种炼金术士为制备这种珍贵物质而给出的配方是毫无用处的。因为，他们时而装模作样地说得很准确，时而故意含糊其词，而且总是一副高深莫测的样子。正如波义耳所说，这些炼金术士所谓的配方通常乱七八糟的，除了不想让别人清楚地了解之外，还有一个很大的可能，就是这些炼金术士自己也不是很清楚。有一个故事恰好可以证明这一点。有一天，阿诺·德维伦纽夫给他的学生讲解获得汞的配方，他说："想要获得汞，就要在若干变量中，取2、3和3、1；1到3得到4；3到2得到1。在4和3之间为1；从3到4得到1；然后1和1，3和4；5到1得到2。2到3之间为1，3和2之间为1，1、1、1和1、2、2和1，1和1到2。那么1就是1。我已经告诉你们了。"听了阿诺·德维伦纽夫乱七八糟的解释后，他的一个学生叫道："但是，大师，我不明白。"于是大师回答他说："没关系，你下次就明白了。"

贤者之石还有许多别的优点，比如它的粉末可以制造珍珠和宝石，还可以用来制备巴拉塞尔苏斯发明的碱液或通用溶剂，这里我们就不多说了。炼金术士们试图探究人类究竟能有多轻信别人，最终还是做过头了。正如孔克尔所说，万能溶剂的理论本身就存在矛盾：如果万能溶剂能溶解一切，那么，就没有容器能盛装这种溶剂了。博尔哈夫说，帕拉塞尔苏斯学派关于万能溶剂的著作多到可装满一个完整的图书馆。

从16世纪末开始，人们多次尝试揭露炼金术的虚伪和荒谬。在炼金术的敌对阵营中，相关人士包括托马斯·伊拉斯提乌斯、赫尔曼·康林吉斯和耶稣会士基尔彻。许多被炼金术士愚弄的当权者，比如一些国王或王子也开始利用自己的权力整治炼金术士了，他们偶尔会报复那些无视阿尔伯特大帝的命令、利用人们的轻信攫取了大量财富的炼金术士。

号称“德国赫耳墨斯”的鲁道夫二世皇帝是一位狂热的炼金术修炼者，他的布拉格宫殿里有一个装备精良的实验室，欢迎每一位炼金术行家的到来。费迪南三世和利奥波德一世也是炼金术的支持者，弗雷德里克一世、弗雷德里克二世、普鲁士国王亦是如此。事实上，在某个时期，欧洲几乎每一个宫廷都有自己的炼金术士，他们享有宫廷弄臣或桂冠诗人的特权。这种做法常引发欺诈和冒名顶替，以至于后来许多国家不得不出台严厉的法律来整治贤者之石的使用。也正因为如此，有时在一些国家，从事化学研究成了几乎不可能的事情。亨利四世在他统治的第五年（1404）甚至颁布了“从今以后，任何人都不得制造黄金或白银，也不得使用类似的工艺；违者将获重罪”这样的法案。根据沃森的说法，这项法案通过的真正原因并不是统治者担心人们都去设法炼金而影响国家经济平衡，而是统治者害怕最终将无法掌控贤者之石的力量。但是炼金的事并未就此停止，在宣布禁止民间炼金的同时，统治者还向特定人士颁发了专利证书，允许其研究万能药并进行金属嬗变方面的实验。

《智慧的钥匙》的作者、卡斯蒂尔的阿尔方斯十世就学习过炼金术。英格兰的亨利六世和爱德华四世都与炼金术行家打过交道，就连精明的君主伊丽莎白·都铎也自掏腰包雇用臭名昭著的迪伊医生炼金。而法国的查理七世、查理九世，丹麦的克里斯蒂安四世和瑞典的查理十二世则尝试借助贤者之石补充其耗尽的宝藏。

还有一些王储也卷入其中，有的还和炼金术士发生过冲突，因为他们习惯性地对炼金术士持怀疑态度，而炼金术士们也同样习惯了不信任这些王储。1575年，不伦瑞克的朱利叶斯公爵烧死了一位女炼金术士玛丽·齐格勒林，原因是玛丽·齐格勒林没能兑现给他一份制作黄金的配方的诺言；炼金术士大卫·本特用自杀的方式来逃避萨克森的选帝侯奥古斯都的愤怒；布拉加迪诺于1590年在慕尼黑被巴伐利亚选帝侯绞死；帕拉塞尔苏斯最无耻的弟子之一伦纳德·瑟尼瑟在其所处的时代劣迹斑斑，他通过出售化妆品和万能药积累了大量的财富。1584年，勃兰登堡的选帝侯剥夺了他的不义之财，他最终在一家修道院悲惨亡故。米兰冒险家博里欺骗了丹麦的腓特烈三世，被那位君主囚禁了多年，并于1695年在监狱中死去。威廉·德·克洛尼曼被鲁思的都督绞死，这位都督带着冷酷的讽刺，让人把碑文镌刻在他的绞架上："我曾经知道修理水星的方法，现在我自己就去修水星了。"赫克托·德克洛滕贝格于1720年被波兰国王奥古斯都二世斩首。

赫耳墨斯在拒绝鲁道夫二世邀请他访问宫廷时曾说："如果我是一个行家，我就不需要皇帝；如果我不是行家，皇帝就不需要我。"但是这位大师的弟子和追随者们却不像他那样谨慎或坦率。维森伯格的修道院院长约翰·克莱泰米乌斯这样评论他们："伴随着炼金术的是虚荣、诈骗、盗窃、诡辩、假冒、愚蠢、贫穷、绝望、斗争、幻灭、幻想和遗憾。"

尽管孔克尔、博尔哈夫、老杰弗里、克拉普罗特和其他有影响力和声望的化学家对炼金术进行了抨击，但炼金术还是百足不僵。直到18世纪末，炼金术在英国都有信徒，甚至皇家学会的一个成员——詹姆斯·普莱斯博士也承认它的存在。后来，詹姆斯·普莱斯的自负被揭穿了，他十分懊恼，于1783年结束了自己的生命。直到19世纪的前十年，炼金术学派在威斯特伐利亚、柯尼斯堡和卡尔斯鲁厄都有一席之地。生活在那个世纪的梅·谢弗勒尔爵士表示，他认识几个坚信炼金术真理的人士，其中有将军、医生、地方官和教士。即便在20世纪，基督教徒克里逊·罗桑库鲁斯所宣扬的炼金术、通神学、巫术和密宗的奇怪组合也并非没有追随者。

即使没能用廉价金属造出黄金也没有关系，至少从错误的实践中得出了真理，这也许就是赫耳墨斯艺术成功实现的唯一一次嬗变。人非圣贤，孰能无过。尽管炼金术成了科学史上最显著的反常现象之一，但是我们依然不能否认炼金术自身的特殊魅力。我们必须承认，炼金术的一些实践者只是欺骗了他们自己，即便是被误导了，但是他们本人至少是诚实的，并以坚定的信念去完成自己坚若磐石的使命，并相信自己的信仰是可靠的。虽然炼金术士从来没有实现其目标——

发现贤者之石和长生不老药，但他们的努力并不完全是徒劳无功的，因为在他们的努力下，出现了许多意想不到的新情况。

培根勋爵在《科学的发展》中写道：

对科学的轻信分为两种情况，一种是人们对这门科学本身的轻信，另一种是人们对这门科学中的某些作者给予了过多的信任。比理性更能左右想象力的科学主要有三门，即占星术、自然魔法和炼金术。炼金术好比一个人告诉他的儿子，他留下了黄金，埋在葡萄园的某个地方；当他儿子挖土的时候，没有发现黄金，但是通过翻起葡萄藤根部的霉菌，酿造了葡萄酒。因此，对炼金术的探索和努力带来了许多宝贵的、光明的发明。

第五章 医用化学

医用化学家的理论——帕拉塞尔苏斯——三原质说——帕拉塞尔苏斯学派——利巴菲乌斯、范·赫尔蒙特、希尔维厄斯、威利斯——医用化学对科学的影响——医用化学对工艺的影响——阿格里科拉、帕里希、格劳勃——炼金术士发明的化学制品

术语“医用化学”特指医学史、化学史上的一个特殊阶段。医用化学家是一个追求用应用化学的原理来解释生命现象的医学流派。根据医用化学家的说法，人类疾病是由体内异常的化学过程引起的，而这些化学过程只能通过适当的化学疗法来中和。虽然这一思想并非起源于帕拉塞尔苏斯，但人们通常认为帕拉塞尔苏斯是这一流派的主要代表人物。

帕拉塞尔苏斯全名为菲利普斯·奥雷卢斯·西奥弗拉斯·帕拉塞尔苏斯·波马斯特斯·冯·霍海姆，是一个性情暴躁、粗俗、酗酒、傲慢、无耻的人，似乎不具备一个成功的知识分子和革命领袖的任何特质。

帕拉塞尔苏斯1493年出生于瑞士的埃泽尔，是医生威廉·波马斯特斯·冯·霍海姆的儿子。帕拉塞尔苏斯将占星术和炼金术相结合。他年轻的时候就是流浪者，从一个省流浪到另一个省，从一个修道院流浪到另一个修道院，靠算命生活，有时充当江湖骗子，有时充当军医，从老妇人、吉卜赛人、魔术师和化学家那里获取许多荒诞的消息。如果我们可以相信他的自述的话，他在 33 岁以前就游历了整个欧洲，甚至游历过非洲和亚洲。每到一处，他都会给人们进行他所谓的“神奇”的治疗，但这又使他不断陷入麻烦。1526 年，帕拉塞尔苏斯被任命为巴塞尔大学（University of Basle）的物理学教授。为了证明自己有资格担任教授，他进行了一系列用混乱的德语、粗俗的拉丁语和法拉戈语的讲座。在讲座中，帕拉塞尔苏斯以非凡的活力和无与伦比的粗俗来抨击盖伦学派的医疗系统。帕拉塞尔苏斯的做法可能让和他同专业的那些人感到丢脸，而且他有意或无意地表达了对传统的治疗体系的不耐烦的情绪。在这场对抗权威的运动中，帕拉塞尔苏斯在更优秀人士的指导下，将化学从炼金术的束缚中解放了出来。

帕拉塞尔苏斯只不过是个发起人。尽管他的许多著作表明，他熟悉他那个时代的几乎每一种化学制剂，很多他在实践中都使用过，但他没有发现或发明哪怕一种新的物质。帕拉塞尔苏斯是一个才华横溢、非凡卓越的人，但他肆意挥霍自己的才华。他放荡不羁的行为使他很快失去了在巴塞尔大学的教授职位。在与地方长官发生了一次不光彩的争吵之后，他逃离了该地，重新开始了流浪生活。在艰苦的环境下，帕拉塞尔苏斯于 48 岁时在萨尔茨堡去世。

当时的环境不允许对帕拉塞尔苏斯的任何哲学观点进行解释，包括其神秘主义、通神学、泛神论、非凡的阿库斯（星力）和塔耳塔洛斯（地狱）学说、对于占星术与医学的联想。帕拉塞尔苏斯的主要贡献在于他坚持认为化学的真正作用不是用来制备黄金，而是制备对科学有用的药物和物质。帕拉塞尔苏斯将化学变成医学不可分割的一部分，从此，大学、中学、小学开始将化学作为医学教育的一个重要组成部分。

如今，我们想要了解帕拉塞尔苏斯往往要通过泰尼尔斯、范·奥斯塔德和斯坦因的绘画。在他们描绘的图画中，帕拉塞尔苏斯作为一名特异的炼金术士，是一个粗野但又脆弱的恶棍。帕拉塞尔苏斯把他的时间花在了两个地方：一个是酒馆，另一个是厨房。帕拉塞尔苏斯在厨房里制备自己的精华、单质、酊剂，隐藏在那些他自以为无所不能，实际上和他本人一样无用、迷信的药剂秘方。他一生中做了很多事来证明自己的学术观点。虽然在主流的观点中，帕拉塞尔苏斯毫无疑问是个厚颜无耻的江湖骗子，他无知、虚荣、自命不凡，有着惊人的胆量但又极度厚颜无耻，但是，正是因为不断实践，帕拉塞尔苏斯才取得了他所酷爱的专业上的成功。

从帕拉塞尔苏斯已出版作品的数量来看，他是一位积极而勤奋的作家。考虑到在清醒的大部分时间里，他多少都有点亢奋，很难想象他会有什么机会去撰写文章，所以他流传下来的这些书中，大概只有一两本是真品。根据帕拉塞尔苏斯的出版商欧泊因努斯（Operinus）的说法，这些作品都是他口述的，充斥着不连贯、晦涩、神秘的行话、被误用的术语，读起来就像是丧失理智的醉酒者的胡言乱语。在帕拉塞尔苏斯死后出现了许多这样的作品和长篇小说，其中一些是多年后出现的，没有确凿的证据证明帕拉塞尔苏斯是这些书的真正作者。即使我们认为这些作品是虚构的，但以帕拉塞尔苏斯的名义出版的这些作品对于这位伟人短暂而变幻无常的职业生涯所产生的影响也是重大的。

帕拉塞尔苏斯有几个忠实的弟子，包括：特恩内瑟尔、多恩、塞味利诺和杜切斯勒。这些人与其他人的不同之处在于他们大胆地传播了帕拉塞尔苏斯的学说，并无所顾忌地采用了帕拉塞尔苏斯的方法。这些人都是狂热的反盖伦主义者，他们声称笃信神秘哲学可归纳、完善人类的知识，还能揭示神药的秘密。这些弟子信奉泛神论，他们认为存在神灵的物质有很多，包括食物、饮料、排泄物、矿物和液体等一切物质。在他们的理论中，精灵表示空气，仙女表示水，矮人表示土，火蜥蜴表示火。他们甚至还融合了亚里士多德的理论，根据帕拉塞尔苏斯的说法，汞、硫和盐是构成万物——物质和非物质的，看得见和看不见的——基本元素。下面这些所谓的“融合”是帕拉塞尔苏斯的追随者的基本信条：

灵魂 精神 肉体
汞 硫 盐
水 空气 土

帕拉塞尔苏斯式医生还创造了一套名为“卡巴拉”的定律，用于解释身体的各项功能：太阳掌管心，月亮掌管脑，木星掌管肝，土星掌管脾，水星掌管肺，火星掌管胆，金星掌管肾。黄金是一种治疗心脏疾病的特效药；月神之酒（银溶液）可以治疗大脑疾病。帕拉塞尔苏斯说：“药物要服从行星的意志，由行星支配。因此，你应该等到天赐良机后再购买药物。”

帕拉塞尔苏斯式医生在很大程度上是一群危险的狂热分子，这些人蔑视希波克拉底、盖伦和阿维森纳的原理，轻率使用烈性药物，其中很多药物是有毒金属，造成了无数的惨剧和灾难。一些机构（特别是巴黎的一些机构）吊销他们持有的执业执照，并在严厉的惩罚措施之外，禁止他们使用化学疗法。然而，并不是所有的医用化学家都是肆无忌惮的江湖骗子。他们中的一些人清楚地认识到帕拉塞尔苏斯发起的运动的意义和真正价值。

安德烈亚斯·利巴菲乌斯（或利巴瓦）原为医生，出生于哈雷，最为人所知的是他于1595年出版的《炼金术》（*Alchymia*）。该书讲述了安德烈亚斯·利巴菲乌斯那个时代已知的主要化学现象，并用通俗易懂的语言撰写，与前辈的神秘和晦涩风格形成强烈对比。安德烈亚斯·利巴菲乌斯发现了氯化锡，时至今日，氯化锡仍被称为利巴菲乌斯的冒烟液体。他还描述了一种制备浓硫酸的方法，其原理与目前世界上大规模使用的制备方法完全相同。1616年，安德烈亚斯·利巴菲乌斯去世。

范·赫尔蒙特1577年出生于布鲁塞尔，是布拉班特家族的后裔。范·赫尔蒙特在鲁汶大学修完哲学和神学后，把注意力集中在医学上，并陆续自学了从希波克拉底到帕拉塞尔苏斯的各个医学体系。经过一段时间的游学，范·赫尔蒙特在维尔沃德定居下来，从事实验室研究工作，直到1644年去世。

范·赫尔蒙特是一个好学、勤奋的哲学家。作为一个有神秘主义倾向的神智学家，他具有帕拉塞尔苏斯的一些心理特征，但没有帕拉塞尔苏斯的狂热和过度自负。范·赫尔蒙特把亚里士多德的元素数量缩小到一个。跟泰勒斯一样，他认为水是万物的真正根源，他用观察到的植物生长的结果来支持自己的理论。他首先使用“气体”这个术语，并了解到各种各样的物质的存在，像被称为“气动化学之父”的黑尔斯一样发现了许多气体现象。他对碳酸气体做了准确的描述，称之为“木头气体”，并表示这种气体是由石灰石和钾在葡萄酒和啤酒发酵过程中产生的，在肉体、土中形成。医用化学家的学说通过荷兰的希尔维厄斯和英国的威利斯获得了进一步的传播。

弗朗西斯·德·勒·波伊·希尔维厄斯 1614 年出生于哈瑙，是莱顿大学的医学教授，在那里，他作为一名教师产生了重要影响，直到 1672 年去世。他单纯地把医学当作应用化学的一个分支，把动物的生命过程当作纯粹的化学。希尔维厄斯把物理理论从帕拉塞尔苏斯和范·赫尔蒙特引入的许多神秘的谬论中解放出来，并通过实践使化学治疗再次流行起来。他意识到了静脉血和动脉血的区别，并且知道动脉血的红色受空气的影响。他认为燃烧和呼吸是类似的现象。

托马斯·威利斯 1621 年出生于威尔特郡，在牛津为查理一世卫戍时，他还是克赖斯特彻奇的一名学生，在皇家军队中持有武器。1660 年，他成为塞德莱恩自然哲学教授，并最终以医生的身份定居伦敦。他于 1675 年去世，葬在威斯敏斯特教堂。

威利斯认为所有的生命活动都是由不同类型的发酵产生的，疾病都是由发酵过程中的异常状况引起的。虽然威利斯是一个帕拉塞尔苏斯学派人士，但他在关于物质构成的理论方面，始终遵循希尔维厄斯和他的学生塔克纽斯的医学理论，舍弃帕拉塞尔苏斯学派的神秘主义。他是一位熟练的解剖学家，是化学史上首次对大脑和神经进行了准确描述的人。

其他著名的医用化学家还有安杰勒斯·沙拉、达尼尔·塞纳尔、杜尔哥特·德·梅耶内（詹姆斯一世的保健医生）、奥斯瓦德·克罗尔、阿德里安·冯·明希特和托马斯·利伯。克罗尔将硫酸钾和琥珀酸引入药物，冯·明希特将其引入酒石催吐剂。尽管巴黎会议禁止使用各种含锑制剂，但从巴兹尔·瓦伦丁时代起，化学医生们就开始使用上述物品。

医用化学对科学的主要贡献在于它将化学纳入专业研究范围，从而实现了增强化学影响力的目标，促使化学界发现的物质大量增加。此外，更广泛的化学工艺经验让从业人员普遍熟悉化学现象，从而有助于奠定化学反应一般理论的基础。

在医用化学时期——大概是从16世纪前期到17世纪后半叶，许多人努力确保化学沿着实际路线前进，冶金学家乔治·阿格里科拉、陶工伯纳德·帕里希和技术专家格劳勃是这些人中的杰出代表。这些人主要是实验化学家，他们很少或根本没有参与这一时期的理论争论，而是本着真正的研究精神，用许多新的、确凿的研究成果丰富了科学。

乔治·阿格里科拉1494年出生于萨克森州的格劳豪，与帕拉塞尔苏斯同处一个时代。在莱比锡学习医学后，乔治·阿格里科拉先是在约阿希姆斯塔尔（Joachimsthal）从事冶金和矿物学研究，后来又出版了一些长期以来被人们理所当然地认为是化学学科的核心著作。在他的《矿冶全书》一书中，乔治·阿格里科拉描述了其所在时代公开的有关矿石的提取、制备、检测的情况。他描述了铜的冶炼和可能与之相关的银的回收。他还描述了取得水银的方法，以及用盐和醋净化水银的方法。他详细介绍了用水银齐化法获得金、用蒸馏法回收水银的方法。他阐述了铅、锡、铁、铋和锑的冶炼，并描述了盐、硝酸、明矾和绿硫酸的制作。整个著作都是对开本的木刻画，这些木刻画让人们对若干操作的属性，以及采用的炉子、水风筒、风箱和刀具等有了一个直观的了解。这本书是16世纪最重要的化学工艺著作，对冶金工艺产生了重大影响。这本书中关于欧洲化学工艺的描述都确定是实际观察的结果。阿格里科拉参观了矿场，真实地记录了矿石分类、洗涤的不同方法，准确地描述了这些方法的特点。他对各种冶炼作业的叙述非常详细，显然是他亲自咨询他人之后整理出来的。实际上，研究冶金学是阿格里科拉毕生的目标；他将所有资金用于研究冶金学，甚至连萨克森州的选帝侯莫里斯给他的养老金也不例外。他担任过开姆尼茨的市长，1555 年在开姆尼茨去世，葬在塞茨。

伯纳德·帕里希主要生活在 16 世纪。尽管他不是专业的化学家，也不是任何一个特定学派的弟子，但他是一个热心自学的经验主义者和一个敏锐准确的研究者，通过自我发现极大地丰富了陶瓷工艺。

约翰·鲁道夫·格劳勃 1604 年出生于巴伐利亚州的卡尔斯塔特，一直过着漂泊的生活，64 岁时在阿姆斯特丹逝去。格劳勃出版了一本关于化学工艺的百科全书，书中描述了各种具有工艺价值的物品的制备方法。17 世纪的许多药典的产生都归功于格劳勃对官方制剂生产方式的描述。他发现的硫酸钠，也就是我们通常所说的芒硝，现在仍然经常以他的名字命名，并被引入医学。

在此期间，普通的矿物酸硫酸、盐酸和硝酸成为日常商业用品，并用于制造许多有用的产品（主要是无机盐）。金属氧化物也得到广泛使用，并用于各种工艺用途。由于早期的人们对某些有机物质的了解非常有限，所以，尽管醋酸早就为人所知，但在这一时期，人们依然会用蒸馏铜绿的方式获取浓缩的醋酸。除此之外，一些其他的醋酸盐以及某些酒石酸盐也为人们所知，如琥珀酸、草酸氢钾、罗谢尔盐、酒石酸钾钠和酒石催吐剂。在这一时期，琥珀酸和苯甲酸被引入医学，而塔亨尼乌斯发现了油脂的特征酸之一（硬脂酸）。当然，酒精也是被人们广泛使用的重要物质，人们从酒精中提取了酊剂和香精，用于医疗和制药。与此同时，最初被命名为浓硫酸盐的乙醚也被瓦莱里乌斯·科杜斯发现，乙醚与酒精的混合物（被称为霍夫曼滴剂），被帕拉塞尔苏斯用作药物。

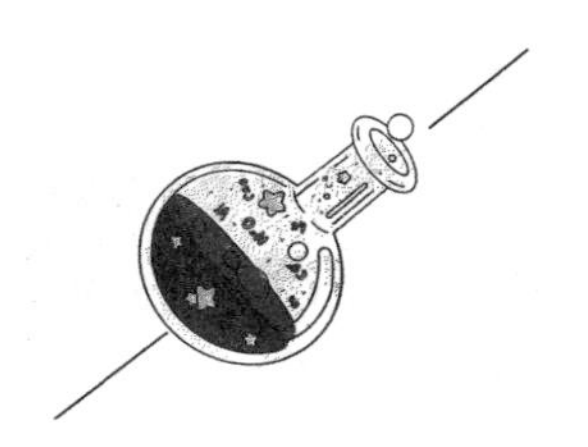

第六章
“怀疑派化学家”：科学化学的曙光

英国皇家学会和其他科学院的创立——“怀疑派化学家”的出现及其对意大利炼金术士学说的攻击——波义耳的人生和性格、对化学的贡献——孔克尔、贝歇尔、梅奥、莱梅里、霍姆贝格、博尔哈夫——斯蒂芬·黑尔斯

17世纪后半叶是欧洲知识发展史上的一个非凡时期。那时，人类认识的几乎每一个分支似乎都弥漫着一种热切的怀疑、探究和改革的精神。在短短几年内先后成立的伦敦皇家学会、佛罗伦萨学院、巴黎皇家学院、柏林学院都具有时代意义。化学不再是只有祭司才知晓的神圣秘密，这些秘密曾一度处于祭司小心翼翼的守护之下。在经院学派的统治下科学曾遭受磨难；现在炼金术士的逻辑遭到了自然科学的蔑视。实验哲学甚至成了一种时尚，而纯粹的演绎方法逐渐让位于这个发展自然知识的唯一的合理方法。可以说，罗伯特·波义耳首先公然质疑旧哲学至高无上的地位。波义耳1661年出版的《怀疑派化学家》标志着化学史上的一个转折点。由波义耳提出的“化学——物理怀疑和悖论”涉及了炼金术士习以为常的，努力证明盐、硫、汞是事物的真正元素的实验。他最终确定了三原学说，决定了帕拉塞尔苏斯学派学说的命运。

在这本专著中，波义耳尝试证明：化学家迄今所假定的外围元素或原理的数量，至少可以说是值得怀疑的。波义耳认为“元素”和“原子”这两个词是对等的，表示那些据说是组成化合物的原始、简单的物质以及这些化合物最终可以分解成的物质。他认为，所有物体的最开始都被分成不同形状、不同尺寸的“颗粒”，这些颗粒可能结合成不易再分割的小的“块体”；各种各样的化合物可能由若干成分组成；可以通过火从各类物体中获得各种物质；火并非物体真正的分解物质，因为火并没有把物体的各个要素分开，而是不同程度地改变了物体的性质；某些从火中获得的东西并不是物体本身或基本成分。“3”并非将所有化合物以火分解成的不同物质或元素的数目，因为有些物质具有3种以上的元素。土和水就像盐、硫、汞一样具有化学性质。将化学元素局限于5种也过于狭隘。人体、动物和蔬菜的生长模式以及矿物和金属分析都证明了这一点。炼金术士有关“性质”的化学理论：具有狭隘性、缺陷性和不确定性；假定的事物没有得到证明；常常是多余的，并且经常与自然现象相矛盾。在物体中发现的“元素”不可能是其特性的产生原因，因为相反的属性存在于同一物体。因此，波义耳得出结论：帕拉塞尔苏斯学派所说的元素——“盐”“硫”和“汞”并非构成物体的首要的和最简单的元素；这些元素最多是由比其更简单的微粒或颗粒构成，并具有体积、形状和运动上的根本性、普遍性。

◎罗伯特·波义耳

罗伯特·波义耳，科克郡首位伯爵、爱尔兰最高议长理查德的第十四个孩子，也是第七个和最小的儿子，1626年出生于利斯莫尔。波义耳在伊顿公学师从亨利·沃顿爵士。在欧洲大陆待了几年后，他定居于多塞特郡的斯托儿布里奇，并在那里拥有一个庄园。他后来成为“隐形学院”的一员。该学院是一个由对新哲学感兴趣的人组成的小团体，这些成员在伦敦彼此的家里（有时在格雷森学院）会面，“讨论和思考哲学问题，以及与之相关的问题”。后来，这些会面在牛津进行。1654年，波义耳定居牛津。在牛津，波义耳与威尔金斯、两位萨维利亚几何和天文学教授约翰·沃利斯和塞思·沃德、内科医生兼当时的基督教堂教徒托马斯·威利斯、当时的万灵学院院士克里斯托弗·雷恩、默顿学院院长戈达德、三一学院院士（后成为其院长）拉尔夫·巴瑟斯特一起尝试建立新哲学，“他们认为除非在自然物体上进行各种实验，否则无法获取足够的知识。为了发现可能产生的现象，他们会竭尽全力追求这种方法，然后相互交流各自的发现。”隐形学院最终发展成为皇家学会，1663年取得特许状。波义耳于1668年移居伦敦，1691年12月31日在伦敦逝世，享年65岁。

波义耳是一个正直、平和、朴实、谦逊的人。他是个勤奋而真诚的理科学生，实际上一生都在探索科学。波义耳的社会地位、做出的榜样、纯洁的个人生活、个人的发现，使其极具个人影响力，非常有利于其国家科学的发展。波义耳的实验研究非常出色。他将空气泵引进英国，他的“气动发动机”帮他发现了气体的诸多基本性质，特别是气体体积与压力的关系。波义耳还发现了液体沸点与大气压之间的关系，解释了虹吸管的作用、空气对钟摆振动和声音传播的影响，并对火焰的性质以及空气与燃烧和呼吸之间的关系进行了实验。在《流动的历史》一书中，波义耳尝试证明物体是由在其表面某些部分相互接触的微粒组成的流体；由于微粒之间的空隙太多，微粒很容易滑动，直到在内表面遇到一个抵抗物体，这些微粒巧妙地适应这个内表面。波义耳认为流动的必要条件包括组成粒子的微小性、确定的粒子形状、粒子之间的空隙、粒子因自身固有的运动或者因一些较薄的物质在它们当中通过带来不同程度的搅动而分开。他发表的著作中包含了许多的化学现象，这些现象被普遍认为是后来的发现。波义耳通过蒸馏铅和石灰的乙酸酯制备丙酮，从对木材的破坏性蒸馏产物中分离出甲醇。波义耳是最早坚持研究晶体形态的必要性的人员之一。他在晶体中的构造证明中注意到了能解释外在特征的变化和多样性所必需的一切，包含晶体内部运动、结构和位置。我们课堂的一些插图都是波义耳设计的。他通过用雪和盐的混合物（一种首次由他使用的冰冻混合物）将水凝固的方法使一个装满水的枪管爆裂，从而证明了冻结水的膨胀力。

波义耳是第一个提出现在相关元素概念的科学家，其观点与希腊人和那些影响了医用化学家的经院学者的理论不同。在波义耳的理解中，亚里士多德学派所说的元素并非真正的元素，也不是帕拉塞尔苏斯学派认为的盐、硫和汞。波义耳也是第一个定义元素与化合物之间关系的人，他还指出了化合物和混合物之间的区别（我们现在仍在使用）。他复兴了原子假说，并在类同的基础上解释了化合作用。波义耳认为化学家的主要任务之一是确定化合物的属性，他也因此推进了分析在化学中的应用。波义耳发现了一些定性反应，并将这些反应应用于物质的检测（游离物或化合物）。

波义耳对研究的最大贡献在于他把新精神引入了化学领域。从此以后，化学不再单纯是医学的附属物，而是成为一门独立的科学，其原理要通过实验来确定。化学成为一门以发现化学现象背后的规律为目的而进行研究的科学，为了真相而阐明真理。正如我们所看到的，古希腊人的哲学已经融入医用化学家的学说中，而现在它要从帕拉塞尔苏斯及其弟子掩盖的神秘主义中净化出来。波义耳说："经院哲学家的辩证法的微妙之处在于：比起增长知识或消除清醒的真理爱好者的疑虑，它更多地体现了运用辩证思维的人的智慧……在这样的思辨性讨论中，对真理的直接了解成为主要目的，真理教我什么值得感恩、什么不值得感恩。如果真理能做到，让我理解真理的概念，但采用神秘的术语、模棱两可的措辞，这的确会让本来能阐明的事物变得隐晦，在我猜测他表达的模棱两可的内容时给我增加麻烦，同时在我向经院学派学习其传达的真理时增添麻烦。"与 16 世纪末相比，波义耳在17世纪末化学文献的总体格调中注入了科学新理念的影响是显而易见的。人们不再容忍炼金术士的神秘主义和晦涩。

波义耳清秀、挺拔，面容苍白。他的身形纤瘦，身体虚弱，只有严格注意饮食和规律运动才能完成自己的研究。尽管波义耳偶尔会情绪极度低落，但他的本性并不忧郁。他虽然终生未婚，但其友约翰·伊夫林说："不过，很少有男士在与女士们交谈时比他更幽默、更随和。"

波义耳所表现出的和蔼可亲、彬彬有礼、善解人意和温文尔雅，使他深受同时代人的尊重和敬仰。据说他一生从未因举止轻率冒犯过任何人。他拥有许多体面的爱好和兴趣，有着友好和善良的天性。他获得了许多人的关心，因为他对人类的苦难有一种与生俱来的怜悯之心。尽管广义上说，波义耳是一名哲学家，但他最喜欢研究的是化学。伯内特主教说："在化学中，波义耳没有参与那些贪婪、野心勃勃、令人欲罢不能的阴谋。他的目的只是为了了解自然，了解可能得出的事物原理及其复杂程度。"

约翰·孔克尔，1630年生，是荷斯坦公爵宫廷里一位炼金术士的儿子。侍奉父亲几年之后，孔克尔在劳恩堡的查尔斯和亨利公爵手下得到了一份研究化学和药剂的工作。随后，孔克尔供职于萨克森州选帝侯约翰·乔治二世在德累斯顿的实验室。在当时著名的医学院威滕堡大学教授化学后，他受邀到柏林担任勃兰登堡选帝侯的玻璃工厂和实验室的负责人。在实验室被烧毁后，瑞典查理十一世把他叫到斯德哥尔摩，封他为冯·洛温斯蒂尔男爵。孔克尔于1702年在斯德哥尔摩去世。孔克尔的主要著作是他死后出版的《化学实验室》。该著作用德语书写。在书中，孔克尔讲述了他如何获知鲍德温制作磷以及布兰德发现磷的理论，这也许是17世纪最重要的化学发现之一，也无疑是最值得关注的发现之一。孔克尔做了大量努力，把化学文献从炼金术的神秘主义与晦涩中解放出来。他蔑视行家的理论，鄙视其"三元素说"。

我是一个从事化学研究60年的老人，至今还没有发现三元素说所谓的固硫，也没有发现它是金属的一部分……此外，研究人员并没有就硫的种类得出一致意见。其中一种硫并非另一种硫。对此，人们回答说，每个人都可以随心所欲地给自己的孩子取名。我同意：如果你愿意，你甚至可以把驴说成牛；但你永远无法让任何人相信你的驴是一头牛。

对于万能溶剂，孔克尔说：

"关于这种伟大的天然溶剂，人们进行了很多讨论。有人认为它是从拉丁语 akali est 派生而来；还有人认为它是从两个德语单词 all geist（all gas）派生而来；最后，还有人说它来自 alles est（仅此而已）。至于我自己，我并不相信范·赫尔蒙特的万能溶剂。我把这种溶剂的真名叫作 alles Lügen heist（彻头彻尾的谎言），或者 alles Lügen ist（彻头彻尾的谎言）。"

孔克尔发现了利用卡修斯紫制作金星玻璃和红宝石玻璃的秘密。卡修斯紫是一种黄金制品，最早由德国汉堡一位同名的医学博士获得。他对发酵和腐烂过程进行了研究，认识到明矾是一种复盐；他描述了当时修复纯银、用硫酸分离金银的方法；还描述了制备一些精油的方法，检测到油中存在硬脂脑，并发现了亚硝酸醚。

约翰·约阿希姆·贝歇尔，路德教会牧师的儿子，1635 年出生于斯派尔。在三十年战争中，由于父亲去世和家道中落，贝歇尔年轻时曾与贫穷进行了艰苦的斗争，过着居无定所的流浪生活。1666 年，他成为梅恩斯大学的医学教授。后来，贝歇尔去了慕尼黑，成为欧洲最好的实验室的负责人，但由于与巴伐利亚学院院长有争执，他决定前往维也纳。在那里短暂停留后，贝歇尔离开奥地利前往荷兰，在哈勒姆定居。在这里，他向荷兰议会提议从沙丘中提取黄金；但是，这个项目失败了。之后贝歇尔动身前往英国，参观了康沃尔矿山。应梅克伦堡-葛斯特罗公爵的邀请，他返回德国。不久之后（1682 年），他溘然长逝，年仅 47 岁。贝歇尔主要因为他的燃烧理论而闻名，正如我们将要看到的那样，这一理论后来由斯塔尔发展为燃素理论——18 世纪末以前，燃素理论一直被视为化学的主流。

约翰·梅奥，1645年生于康沃尔，是一位执业医师。梅奥的名字为世人铭记主要是因为他明确认识到空气中与燃烧、金属煅烧、呼吸和静脉血转化为动脉血相关的一种物质或原理。他发现硝石中含有这种物质，并称之为空气燃烧要素或硝基元素。梅奥去世时年仅34岁。如果他能继续搞研究，极可能会对理论化学的发展产生重大影响。事实上，他几乎被同时代的人忽略了，直到很久以后人们才认识到梅奥著作的真正价值。

尼古拉斯·莱梅里生于1645年。他写了当时最优秀的教科书之一——《化学教程》，该书被印刷成13个版本，被翻译成英语、德语、拉丁语、意大利语和西班牙语。

正如他所说，在这本书中，他努力去清晰地表达自己，并避免出现在他之前的作者那里发现的晦涩难懂之处。

其他哲学家对于物理学原理的美好想象和宏大的思想证明不了任何事实。而且，由于化学是一门研究科学，所以它只能建立在可研究、可证明的基础上。

尼古拉斯·莱梅里的儿子路易斯也是一位化学家，两者容易弄混。莱梅里对药物化学做出了卓越的贡献；他的《通用药典》《简单药物通用词典》和《锑词典》都是当时的典范。

莱梅里曾经是一名新教徒，在南特法令撤销后逃到英国。但是，他信奉天主教，又回到巴黎，重建了药房，并于1699年入选法兰西学院。莱梅里于1715年去世。

威廉·霍姆贝格，1652年出生于巴达维亚，最初从事法律职业，后来迷上了科学，在帕多瓦学习植物学和医学，在博洛尼亚和伦敦学习化学，在罗马学习机械和光学，在莱登学习解剖学。在游学过程中，霍姆贝格参观了德国、匈牙利、波希米亚和瑞典的矿场。1682年，霍姆贝格应科尔伯特的邀请来到巴黎。1691年，霍姆贝格成为法兰西科学院的一员，受命负责奥尔良公爵的实验室——当时欧洲最好的实验室之一。霍姆贝格娶了医生多达尔的女儿，后者成为他的专业助理，在实验调研中协助霍姆贝格。霍姆贝格首先在法国公开了磷的存在（由汉堡的布兰德发现），描述了与布兰德名字有关的磷光盐。他对酸、碱的饱和度做了重要研究，并了解到酸和碱是以不同的比例结合在一起的。他是位勤奋的工作者，是除了卡西尼外法兰西科学院里最活跃的成员。他于 1715 年 9 月 24 日去世。

紧随波义耳，将化学从炼金术的枷锁中解放出来的博尔哈夫或许是最积极的推动者，他以物理学教授的身份将莱顿大学的名望提升到登峰造极的水平。

赫尔曼·博尔哈夫，牧师之子，1668 年出生于莱顿附近。他先后从事过神学、古典文学、数学、化学和植物学的研究，再后来转向研究医学，并在海尔德兰的哈尔德维克大学学习了一门课程后开始执业。1702 年，博尔哈夫担任莱顿大学的讲师，后来升为医学系主任。1714 年，他成为莱顿大学的校长。博尔哈夫作为一名教师的美誉传遍了整个欧洲，并与日俱增，直至去世。

◎赫尔曼·博尔哈夫

博尔哈夫是所处时代中最有学问的知识分子之一，他在科学、历史、诗歌和纯文学方面都天赋异禀。博尔哈夫可以用英语、法语和德语交谈，通晓意大利语和西班牙语。“他即兴演讲或谈话时使用的拉丁语非常清晰，他能利用自我行动、方法和巧妙的比喻把最深奥的知识讲解到最通俗的程度。”[①] 他酷爱音乐，擅长多种乐器，尤其是琉特琴。他很乐意在家里招待乐师。博尔哈夫的医生职业给他带来了财富，但他把大部分金钱都花在园艺上；他乡间的花园占地近 8 英亩（3.24 公顷），园子里种满了他能得到并能在荷兰气候中茁壮成长的外来树木。

博尔哈夫体格健壮、体质健康，早年习惯在酷暑、严寒中运动。他身材高大，看起来有点胖。他头大、脖子短、气色好，头发（没有戴假发）呈淡棕色且卷曲，面容和善。跟苏格拉底一样，博尔哈夫的鼻子扁平，显得温文尔雅。1738 年 9 月 23 日，博尔哈夫在莱顿逝世，享年 70 岁。

作为一名化学家，博尔哈夫主要凭借着 1732 年出版的《化学元素》（*Elementa Chemia*）声名鹊起。这本书是当时最完整、最精彩的化学论著，主要以欧洲语言发表。该著作主要分为三个部分：第一部分，是科学的起源和发展，以及最杰出修炼者的个人史；第二部分，也是最大一部分，是关于尝试建立一个化学体系论述，这个化学体系是建立在清晰的物质研究基础之上的；第三部分，分析或解释与身体有关的化学工艺，分为“植物”“动物”和“化石”（即起源）三类。实际上，这门科学此时已经开始细分为有机化学和无机化学。

博尔哈夫对炼金术是持怀疑态度的：他既不肯定也不否认嬗变的合理性。在这方面，他像牛顿和波义耳。事实上，波义耳在提到炼金术问题时极为谨慎、保守。正如萧伯纳所说，博尔哈夫非常聪明，不对自然做出任何框定：他不愿意说某件奇怪的事物一定是不可能存在的，因为他每天都注意到特别的事物，并且清楚地知道到世界上有强大的力量，即便他对这些力量的规律和运作方式一无所知。他习惯于保持谨慎，不会说“见过某些事物的人比没有见过的人更相信这些事物”；他很谦虚地认为，帕拉塞尔苏斯或赫尔蒙特或许真地了解他所不知道的

① 伯顿，《博尔哈夫生平》，第 58 页及以下。

物质。

毫无疑问的是，博尔哈夫花了大量时间研究炼金术著作，特别是帕拉塞尔苏斯和赫尔蒙特的著作，他反复阅读。英国皇家学会的《哲学会刊》刊登了他针对水银进行的一项费时费力但没有收获的调查结果，他希望通过这项调查发现古老的金属生成理论中提到的水银应该含有的物质或生成的物质。但是，正如他所述，尽管他用“浓缩、研磨、消化和蒸馏的方法来研制水银（单独或与铅、锡或金混合）将这一操作重复 511 次甚至 877 次”，水银看起来只是“更加清澈、明亮，其形态或特点没有任何变化；实在要说有什么变化，就是水银的比重增加了一点点。”

史蒂芬·黑尔斯（Stephen Hales，1677—1761）是一位天才神学家，获得特丁顿永久副牧师职务，并在那里度过他人生的一大半。他作为生理学家和发明家名声在外，致力于化学研究，并对气体物质的产生进行了大量观察。黑尔斯的研究结果传到英国皇家学会，后者将其汇集在一起，以《论文汇集》之名将其出版。在这些实验中，他使用的方法在原则上与后来普里斯特利采用的方法极为相似。从他对实验的描述可以看出，他肯定制作了大量的气态物质氢、碳酸、二氧化碳、二氧化硫、沼气等。但他似乎没有尝试系统地研究这些气体，他认为它们只是空气，偶然被现存的物质或多或少地改变，或“被制成酊剂”。在启蒙运动开始之前，古人认为所有形态的气态物质都是相同的，都是一种简单的基本物质——空气。布莱克对碳酸的研究首先清楚地证明了气态物质可分为本质不同的种类。

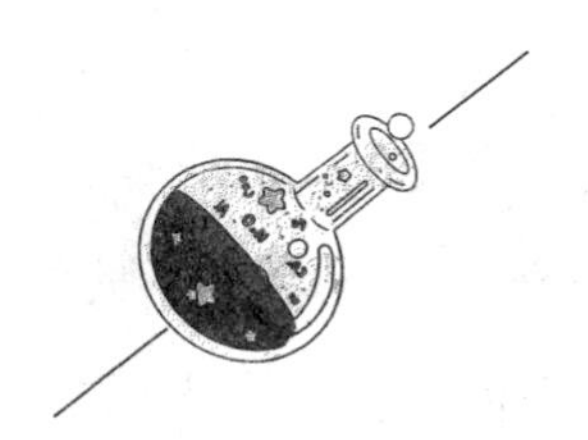

第七章
燃素说

贝歇尔关于可燃物质的假设，该假设发展为燃素理论——斯塔尔的燃素说（主要是一种燃烧理论）成为一种化学理论——18 世纪最后 25 年之前，欧洲普遍接受燃素说——主要的燃素学家波特、马格拉夫、舍勒及其发现——杜哈梅尔、麦奎尔、布莱克：白镁氧论文——普里斯特利：个人生平和性格、在气体化学方面的发现、植物对大气特征影响的研究——卡文迪许：个人生平和成就、水成分的发现、燃素说对化学发展的影响、化学在燃素说时代取得的进展

在《怀疑派化学家》诞生之前，人们就已经发觉曾经对于物质本质的假设是不合理且具有误导性的。我们注意到亚里士多德学派的四元素到了帕拉塞尔苏斯学派已合并成三元素——“盐”“硫”和“汞”。随着对化学作用现象的深入了解，后来的医用化学家，或者更确切地说，这些人当中的一部分认识到化学有着更广泛的用途，而不仅仅是牧师所理解的医学用途，而且帕拉塞尔苏斯及其弟子的三原学说的概念也不能归纳为化学理论。在坚持认为三种原始物质构成一切形态物质的同时，贝歇尔改变了它们的性质。根据这一新理论，所有物质都是由水银、玻璃体和可燃物质或元素组成的，其比例根据物质性质有所不同。当一具尸体被烧焦或一块金属被煅烧时，贝歇尔所述的可燃物质就散发出来了。

斯塔尔进一步尝试将燃烧、煅烧与一般的化学现象进行关联，并最终发展出一种综合的化学理论。只要不以平衡的要求来检验其充分性，这种理论是相当令人满意的。

乔治·欧内斯特·斯塔尔将贝歇尔的理论发展为燃素理论，一种最早将化学视为科学的概论诞生了。斯塔尔 1660 年出生于安施帕赫，1693 年成为哈雷的医学、化学教授，1716 年成为普鲁士国王的医生，1734 年在柏林去世。

斯塔尔对实用化学的贡献微乎其微，他的名字也与任何新现象或发现无关联。斯塔尔对科学的贡献在于，他在对化学现象进行分类方面取得了相对的成功，并通过一个综合性假设对其进行了统一解释。

燃素理论最初被称为燃烧理论。根据这一理论，煤、木炭、木材、石油、脂肪等物体之所以燃烧是因为它们含有燃素，而燃素被认定为一种属性一致的物质。因此，所有可燃物都应被视为化合物，其成分之一为燃素：可燃物性质部分取决于所含燃素的比例，部分取决于该物质其他成分的属性和数量。可燃物在燃烧时与其燃素分离。所有的燃烧现象——火焰、热和光，都是由于排出燃素而产生的。例如，锌等金属会燃烧，可能产生土状物质，有时呈白色，有时呈现为其他颜色。这些土状物质被称为“石灰”，因为它们与石灰大体上相似。其他金属，如铅和水银，似乎不能燃烧；但加热后，上述物质逐渐去掉金属外观，变成石灰。这一过程被称为煅烧。在燃烧或煅烧过程中，燃素被排出。因此，金属本质上是化合物：由燃素和石灰组成，石灰的性质决定了金属性质。将燃素添加到石灰中，可以使金属再生。用煤、木炭或木材加热锌或铅的金属灰时，会再次产生金属锌或铅。蜡烛在燃烧时，其燃素会转移到空气中；如果空气有限，燃烧就会停止，因为空气中的燃素已饱和。

呼吸是一种燃烧，人体通过这种方式维持温度，只不过呼吸是将身体的燃素转移到空气中。如果我们试图在密闭空间里呼吸，空气最终因充斥燃素而饱和，呼吸就会停止。同样，化学作用的各种表现形式都归因于燃素的此消彼长。物质的颜色与其燃素含量相关。因此，铅在加热时，会产生黄色物质（黄铅）；继续加热，则会产生红色物质（红铅）。这些颜色的差异应该取决于不同的燃素排出量。

几乎所有与斯塔尔同时代的德国人都信奉燃素说，尤其是马格拉夫、诺依曼、埃勒和波特。燃素说传播到瑞典，被伯格曼和舍勒接受；传播到法国，杜哈梅尔、鲁埃勒和麦奎尔教授也采纳了；传播到英国，其中最有影响力的支持者是普里斯特利和卡文迪许。燃素说一直是正统的理论，直到 18 世纪的最后 25 年，拉瓦锡在发现氧气之后，燃素说才被推翻。

在燃素说占统治地位的情况下，化学取得了许多显著的进步——不是有赖于燃素说的帮助，也并未受它的影响。事实上，在拉瓦锡之前，几乎无人（即便有，也很少）对此进行研究，验证燃素说或确定其合理性。在发现新现象后，人们无疑会试图借助燃素说来解释这些现象，但往往没有得到满意的结果。事实上，即使在斯塔尔时代，人们也清楚很难或根本不可能知道与其学说相一致的事实；但这些进步要么被忽视，要么就是其真正的意义被误读。虽然化学的这些进步与燃素没有任何关系，但由于是在燃素说时期取得的，因此，在这里提到它们并无不妥。

除了马格拉夫之外，斯塔尔时代的德国人实际上并未对化学做出多少卓越的贡献。**波特**于 1692 年出生于哈尔伯施塔特，1737 年成为柏林的化学教授，主要因其有关瓷器的著作而被人铭记。波特最先阐述了瓷器的化学性质和起源方式。**马格拉夫** 1709 年生于柏林，是所在时代最优秀的化学分析师之一。他首先明确区分了石灰和氧化铝，并且成为最早指出植物碱（钾）与矿物碱（苏打）差异的人之一。马格拉夫还指出石膏、重晶石和硫酸钾的成分相似。他明确地指出了磷酸与磷的关系，描述了许多制备磷酸的方法，并解释了尿液中磷酸的来源。

在那一时期的瑞典化学家中，最著名的是舍勒。

卡尔·威廉·舍勒 1742 年出生于斯特拉尔松德。14 岁时，他在哥德堡的一个药剂师那里当学徒，开始了实验化学的研究。后来，他在马尔默、斯德哥尔摩、乌萨拉等地作药剂师，最后在马尔湖的柯平执业。1786年去世，年仅43岁。在相对较短的科学活动期间，舍勒使自己成为那个时代最伟大的化学发现者。

◎卡尔·威廉·舍勒

舍勒最先分离出了氯，并确定了锰和钡的属性。他独立发现了氧、氨气和氯化氢。他还发现了无机酸中的氢氟酸、硝基磺酸、钼酸、钨酸和砷酸；有机酸中的乳酸、没食子酸、焦性没食子酸、草酸、柠檬酸、酒石酸、苹果酸、黏液酸和尿酸。他分离了甘油和乳糖；测定了磷酸氢钠盐、硼砂和普鲁士蓝的性质，并制备了氢氰酸。他证明了石墨是碳的一种形式。他发现了硫化氢、砷化氢的化学性质，以及绿色的砷颜料（后以舍勒的名字命名）。他发明了制备乙醚、氯化氧锑粉、磷、甘汞和白镁氧的新工艺。他最先制备了硫酸亚铁铵，展示了如何从锰中分离铁，并描述了用碱性碳酸盐熔融分解矿物硅酸盐的方法。舍勒对化学理论的贡献微乎其微，并不重要，他作为一名发现者，举世无双。

在法国的燃素学家中，我们受限于篇幅，只能提一下杜哈梅尔和麦奎尔。

亨利·路易斯·杜哈梅尔·杜蒙索 1700年出生于巴黎。他是最早进行骨化实验的研究者之一，也是最早发现碳酸钾和苏打差异的人之一。

彼得·约瑟夫·麦奎尔 1718 年出生于巴黎。麦奎尔研究普鲁士蓝的属性（1710 年由柏林的迪斯巴赫发现），研究铂，并撰写了当时最好的一部教科书，出版了化学词典，是印染化学的权威。

除了前面提到的研究者外，18 世纪英国化学工作者中最著名的是布莱克、普里斯特利和卡文迪许。

约瑟夫·布莱克 1728 年出生于波尔多，父亲在波尔多从事葡萄酒贸易。布莱克是格拉斯哥大学的学生，1756 年成为该校的化学教授。1766 年，布莱克调任爱丁堡大学化学系主任，1799 年去世。布莱克只发表了三篇论文，其中最重要的一篇题为《白氧镁、生石灰和其他碱性物质的实验》。布莱克证明了镁砂是一种特殊的土，其性质不同于石灰。石灰是一种纯土，而石灰石是石灰的碳酸盐。他指出，氧化镁也会与碳酸结合；弱碱和苛性碱的区别在于前者含碳酸，后者不含。布莱克还解释了石灰如何将弱碱转化为苛性碱。这些当今最简单、最广为人知的事实，在 1755 年被发现时引起了人们极大的关注，标志着化学史上的一个时代。布莱克的名字与潜伏热和比热的发现有关，他首次确定了将冰转化为水所需的热量。

约瑟夫·普里斯特利是一个服装店老板的儿子，1733 年出生于利兹附近的菲尔德海德。普里斯特利 7 岁时，母亲去世，他由姑妈收养，，并接受非圣公会的英国基督教育部门的教育，最终成为一个独神论派信徒。他是第一个痴迷于电学研究的人，并编纂了电学史。在利兹，普里斯特利负责米尔山集会，把研究重心转向了化学。这主要是因为他住在一家酿酒厂附近，有机会获得大量碳酸。他仔细研究了碳酸的性质，并暂时放弃了牧师工作，成为谢尔本勋爵的图书管理员兼文学伴读，与勋爵共事了 7 年。在此期间，他孜孜不倦地从事化学研究，发现了大量气态物质，即一氧化氮、氯化氢、二氧化硫、氟化硅、氨气、氧化亚氮。从化学理论的角度，最重要的是，他发现氧气。普里斯特利的工作极大地推动了气体化学的研究，不仅对化学科学的发展产生了巨大影响，而且对化学理论的发展也产生了深远影响。普里斯特利对科学最重要的贡献包含在他的著作《对不同种类空气的实验研究》当中。这部著作不仅叙述了普里斯特利将其发现的气体分离的方法，而且描述了许多偶然的观察结果，如植被的呼吸作用，表明植物的绿色部分在阳光下能够分解碳酸并将氧气还原到大气中。事实上，普里斯特利是最早追踪动植物在大气中的特殊作用的研究者之一，他还展示了这些特殊作用如何保持其成分的纯度和稳定性。普里斯特利开创了空气纯度测定法（气体分析），并率先证明了空气并非古人想象的简单物质。人们认为普里斯特利发明了苏打水，他用苏打水制成了一种治坏血病的药物；他的名字与所谓的集气槽相关——集气槽是一种异常简单的器具，却被证明对是普里斯特利的研究最有帮助。

离开谢尔本勋爵后，普里斯特利搬到伯明翰继续他的研究。他的宗教和政治观点使他遭到教会和国家当权者的仇视；在 1791 年的暴动中，普里斯特利的房子遭到破坏，他的书和工具被毁，自己也性命堪忧。最后，普里斯特利移民到美国，定居诺森伯兰。他于 1804 年 2 月 6 日去世，享年 71 岁。

◎约瑟夫·普里斯特利

亨利·卡文迪许 1731年生于尼斯，1810年逝于伦敦。他是那一时期最博学的自然哲学家，几乎在每一个物理科学分支都有研究。卡文迪许是一位有才华的文学家，也是一位杰出的数学家。他是最早研究比热学科的学者之一，还改进了温度计和采用温度计研究的方法。卡文迪许测定了地球的平均密度。他对碳酸和氢的性质进行了精密的观测，极大地改进了气体测定的方法，并首次建立起大气成分的统一测算法。然而，他最伟大的发现是对水的成分的测定。他最先证明了水不是古人认为的单质，而是氢和氧的化合物。在部分试验中，他发现由氧和氢结合形成的水尝起来是酸的；在探索这种酸的成因过程中他发现了硝酸的成分。他是第一个对天然水进行精确分析，并解释所谓水的硬度的学者。

据说，燃素说在18世纪3/4左右的时间里主导了化学。虽然它作为一个完全错误的概念，在对化学现象的真理性解释中几乎没有起到什么作用，但不能说燃素说实际上阻碍了人类对化学的探索。人类继续努力地收集有关化学物质的事实，虽然缺乏灵感，但在很大程度上并没有受到燃素说的影响。甚至斯塔尔最保守的追随者之一的普莱斯特利，也以一种不加批判的宽容态度来看待斯塔尔的学说；但随着燃素说的前后矛盾日益明显，普莱斯特利不止一次地想要放弃该学说。他非常确信一个事实，那就是斯塔尔对于燃素真实性的理解是大错特错的。或许，燃素说对化学的最大危害是推迟了对波义耳的元素属性观点的普遍认识。人们记住的是，炼金术士把金属看作基本的化合物。波义耳倾向于认为金属是单质。直到18世纪的最后25年，贝歇尔和斯塔尔及其追随者还在将金属看作化合物，认为燃素是金属的成分之一。另一方面，我们现在所知道的化合物，如钙、酸和水等，却被燃素学家认为是单质。

1774年，氧气（普里斯特利的脱燃素空气）的发现，及人们对其在燃烧现象中所起的作用的认识，标志着化学史上一个时代的终结和另一个时代的开始。在对新时代进行叙述之前，需要回顾一下这一时期结束时化学学科的实际情况，并说明这一时期在纯化学和应用化学方面取得的进展。

在18世纪，人们对化学主要相关能量的作用方式有了更深入的了解，关于化学亲和性及其成因的观点开始呈现出更明确的趋势。出现这样的结果主要归功于博尔哈夫、伯格曼、杰弗里和鲁埃勒的努力。人们清楚地认识到，术语“盐”中包含的一大类物质是化合物，由两种相对且在某种意义上是对抗性的成分组成，一般被分为酸和碱。

在实践方面，化学取得了长足的进步。化学分析（波义耳最初提出的一个术语）能力有了很大的提高。当然，这种化学分析主要是定性分析；在波义耳、霍夫曼、马格拉夫、舍勒、伯格曼、加恩和科隆斯杰特的努力下，部分反应和试剂开始系统地应用于化学物质的识别，而这些试剂的精确使用催生了对当时未知元素的检测。实际上在波义耳时代之前定量分析就已经开始了。不过，定量分析的理论在波义耳这里得到了极大的发展，并被霍姆贝格、马格拉夫和伯格曼进一步扩展。马格拉夫通过向已知重量的银溶液中加入食盐的方法精确地测定了产生的氯化银的量；伯格曼最先提出，在默认物质均匀、成分稳定的情况下，通过适当制备化合物并对物质进行称重可以轻易对物质进行评估。卡文迪许为精确的气态分析系统的建立奠定了基础；各种各样的物理仪器被用于化学研究。

尽管没有得到相应的确认，但在波义耳时代之前，若干元素已被发现，新增的元素包括磷（布兰德，1669年）、氮（卢瑟福）、氯（舍勒，1774年）、锰（加恩，1774年）、钴（布兰德，1742年）、镍（科隆斯杰特，1750年）和铂（沃森，1750年）。舍勒发现了钡；克劳福德发现了锶；波义耳发现了磷酸；马格拉夫测定了磷酸的真实属性；卡文迪许首先得知了硝酸的组成。如前述内容，舍勒率先分离出钼酸和钨酸，并检测到存在多个有机酸（见第四章）。其他发现如：布莱克发现了石灰石和白镁氧的真正属性及其与石灰的关系；普里斯特利发现了许多气态物质；卡文迪许发现了水的化合性质（在前文中已经提到）。

18世纪，得益于加恩、马格拉夫、杜哈梅尔、雷奥姆尔、麦奎尔、孔克尔和海洛特的努力，技术化学也得到了极大的发展。许多重要的工业工艺，如里士满的沃德和之后伯明翰的罗巴克制造的硫酸，以及了将食盐转化为碱的吕布兰法，均在这一时期出现。

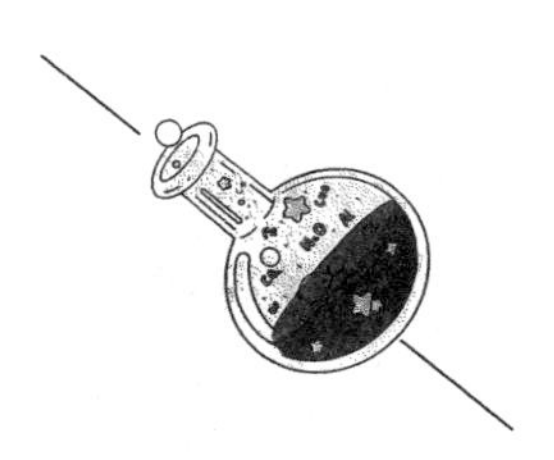

第八章
拉瓦锡与化学革命

燃素说的衰亡：拉瓦锡和他的生平、成就、死亡——氧气原理、物质守恒原理——化学，一门定量关系科学的科学——反燃素说的主要人士：贝托莱（《氧气原理》）、富克鲁瓦、沃克兰、克拉普罗特、普鲁斯特

我们已经注意到17世纪中叶的化学在法国这个政治动荡的国家中发生了怎样的变化。在18世纪末席卷法国、震惊欧洲的政治大灾难中，化学获得了新的动力，走上了新的征途。化学界第二次革命的策划者和领导者是拉瓦锡，他是同时代最杰出的伟人之一，却成了本国人民政治运动的牺牲品。

安托万·洛朗·拉瓦锡 1743年出生于巴黎。在皇家植物园，拉瓦锡受那个时代最好的老师之一鲁埃勒的影响，最终成为一名化学家。1765年，拉瓦锡向巴黎石膏学院提交了第一篇关于石膏的论文。值得注意的是，这篇论文首次对巴黎石膏的“制作”做出了真实的解释，并解释了过度燃烧的石膏不会再水化的原因。3年后，拉瓦锡成为财团捐税专收总会的一名官员（包税官），法国授予其征收固定金额的间接税的特许权。在1794年的革命中，正是这一身份将拉瓦锡送上了断头台。像斯塔尔一样，拉瓦锡并未发现新物质；但是，也像斯塔尔一样，拉瓦锡在摧毁旧的哲学体系的基础上创造了一个新的时代。

人们通常认为，例外是对规则的证明。科学史上规则被例外破坏的案例不胜枚举。微小的真相扼杀了大的理论，正如小石子杀死了巨人。在燃素说占主导的时期，至少对一些斯塔尔的追随者来说，这些真相并不陌生。

一些炼金术士发现某一金属通过煅烧，其重量增加了而不是减少了。这种现象早在16世纪就为人所知。卡尔达诺和利巴菲乌斯都证明了这一点。苏尔兹巴赫证明水银就是这样。波义耳在锡的实验中证明了这一点，而雷伊在铅的实验中证明了这一点。此外，随着知识的增加，可以肯定的是：斯塔尔关于燃烧是一种有重量的物质的最初概念（他和贝歇尔认为它具有土的性质）是站不住脚的。后来的燃素学家倾向于把燃素当作与氢相同的物质。但是，即便是氢也有重量，而事实似乎要求燃素（如果确实存在燃素）没有重量。

到了18世纪后半叶，人们开始对大气与燃烧和煅烧现象的关系有了更清晰的认识；人们回忆起许多与这些现象有关的真相——它们之前几乎被遗忘。燃素说作为一种学说的自相矛盾和不足逐渐显现出来。三个基本事实共同推翻了它：普里斯特利对氧的分离；他认识到大气的本质及其成分之一是氧气事实；卡文迪许发现水是一种化合物，其成分是氧和氢。拉瓦锡首次清楚地把握住了这些真相的意义，他对这些现象的诠释真实可信。拉瓦锡通过推理和实验确凿地证明了一般的燃烧现象都是空气中氧与可燃物的结合；煅烧是空气中的氧与金属结合的过程，金属通过与氧气结合增加重量。水不再被认为是一种单质，而是由氧和氢结合而成。拉瓦锡的推理非常合理，实验证据也很完整，因此他的观点在法国逐渐获得认同。就这样，燃素说的神话被打破了。受拉瓦锡的启发，一些法国化学家——贝托莱、富克鲁瓦、居顿·德·莫沃开始重建化学体系，并重新命名，避免借助燃素说明一切的情况。由法国新学派创造的“氧”“氢”“氮”分别对应于普里斯特利的“脱燃素空气”“燃素”和“燃素空气”。这一学派一度认为“氧基原理”与斯塔尔及其追随者所说的“燃素”有着几乎相同的关系。他们将一种物质与另一种物质进行交换。燃烧元素——燃素——被氧的酸化原理取代了。新化学一度以氧为中心，就像旧化学以燃素为中心一样。燃素说的发源地德国和瑞典以及英国均未马上接受法国学派的观点，这在某种程度上可能是由于民族偏见。革命精神，即使可能是一场思想革命，也没有传到这些国家。普里斯特利、卡文迪许和舍勒无法接受新学说。但布莱克接受了新学说，并在爱丁堡传授其理论；在 18 世纪末之前，新学说实际上在法国已经取代了燃素论。诸如柯万的一些人士刚开始强烈反对新理论，最后还是热情地接受了它。新理论能传入德国主要受克拉普罗特的影响。

我们还要感谢拉瓦锡对作为化学科学基础的物质守恒原理的认识。拉瓦锡并非第一个将守恒引入化学的人：定量化学并非真正由拉瓦锡提出。事实上，波义耳、布莱克和卡文迪许在认识研究物质数量关系的重要性方面先于拉瓦锡。然而，在拉瓦锡之前，无人清晰地预见到物质不可毁灭的理论，正是通过拉瓦锡的教导，人们才认为守恒是研究化学的要素。在拉瓦锡早逝之前，他已成功将当前科学的主要特征熔印在了那时的科学上。

拉瓦锡成为所处时代最杰出的人物之一，他作为哲学家的功绩得到整个欧洲的认可。事实上，我们可以毫不夸张地说，拉瓦锡在去世前，是 18 世纪化学界中的风云人物。除了任职包税官外，拉瓦锡还被杜尔哥任命为粉末管理委员会的专员，他担任此职时改进了硝石的制造和精炼，并大大提高了火药的弹道性能。拉瓦锡后来成为农业委员会的秘书：他起草了关于亚麻种植、马铃薯种植和小麦浸灰的报告；制定了建立试验农场和收集、分发农具的计划；引进了甜菜根并种植在布勒索斯；通过从西班牙进口公羊、母羊来改进绵羊品种。他曾是奥莱良群岛议会、国会和巴黎公社成员。1791 年，拉瓦锡被任命为著名的度量衡委员会的秘书兼司库。该委员会从理论上发展了以自然单位（称为公制）为基础的国际体系，现在仍被世界上大多数文明国家采用。拉瓦锡不仅是该委员会的行政官员，他还对该体系的命名做出了贡献。他指导了测量时依据的物理常数的测定，特别是质量标准值所依据的单位体积水的重量。他还是法国科学院的司库，直到该科学院 1793 年被国会镇压，拉瓦锡和其他包税官共 28 名成员被国会下令逮捕。他们被判死刑（24 小时内执行），并没收财产。宣布其死刑的考费那尔称："共和国不需要学者"。结果，拉瓦锡这位现代化学奠基者在他 51 岁时死亡，成为"人民之友"愚蠢、血腥、狂暴的牺牲品。拉瓦锡的正直、提供的公共服务、纯洁的个人生活、辉煌科学成就一并被掩埋了。正如拉格朗日痛心地对德朗布尔说："一眨眼砍下的脑袋，哪怕一百年也长不出来了。"

◎拉瓦锡

与拉瓦锡相关的人士中，最著名的是贝托莱，他们创立了在当时被称为消炎剂化学的东西。

克劳德·路易斯·贝托莱 1748 年出生于萨沃伊，接受医学教育后成为奥尔良公爵的医生。他专心致志地从事化学研究，于 1781 年成为法国科学院的成员，并成为政府委员和法国主要的有色金属机构法国戈布兰图像学院的校长。贝托莱大体上同意拉瓦锡的观点，但他从未完全赞同所有酸都含有氧的观点。他发现氯气具有漂白能力，制备了氯酸钾，并研究了普鲁士酸和雷酸银。

贝托莱在 1803 年出版的《化学统计》一书中，对伯格曼和杰弗里关于化学亲和性作用的部分和不完全的观点进行了斗争。他指出，化学变化的方向因反应物质的相对比例和物理条件（如温度、压力等）而改变。他是最早关注所谓可逆反应现象的科学家之一，并列举了发生此类现象的诸多例子。贝托莱过度推断自己的结论以致他怀疑化合作用是否按照固定、特定的比例产生；他的观点引发了他和普鲁斯特之间一场令人难忘的辩论，而普鲁斯特最终取得了胜利。

贝托莱在其所处的时代享有盛誉，对法国的政治史产生了影响。在法国被外国军队包围、港口被英国船只封锁的关键时期，正是由于贝托莱的至诚、睿智和娴熟地利用自身资源，法国才幸免于被奴役。当法国被公共安全委员会统治时，贝托莱多次面临生命危险；但他的诚实、真诚和勇气甚至打动了罗伯斯皮尔，由此摆脱了险境。贝托莱是拿破仑的密友，并以法兰西学院院士的身份陪同拿破仑远征埃及。贝托莱于 1822 年在阿奎尔去世。

1813 年戴维在贝莱托的乡间别墅拜访了他，戴维坦言：

贝托莱是一个极为亲切的人。虽然他当时是拿破仑的挚友，但他总是很善良、和蔼可亲、谦虚、坦率、率真。他没有架子，很有风度。他在智力上不如拉普拉斯，但在道德品质上要优于拉普拉斯。贝托莱并未表现出天才特征，这一点他不像拉普拉斯。人们看到拉普拉斯的容貌时，就能断定他是个非同寻常的人。

这一时期其他著名的人物还有富克鲁瓦、沃克兰、克拉普罗特和普鲁斯特。

安东尼·弗朗索瓦·富克鲁瓦是一位药剂师的儿子，1755 年出生于巴黎。他起初的职业是一名戏剧作家。在解剖学家维克特·阿兹尔的影响下，他转而研究医学，并在布冯的影响下于 1784 年接替麦奎尔成为皇家植物园的化学教授。富克鲁瓦是一位出色的老师。他头脑清楚，条理清晰，有条不紊。富克鲁瓦确实有辩论的才能，这是他不断训练的结果，他也因此成为所处时代法国最受欢迎的讲师之一。富克鲁瓦雄心勃勃，被卷入这一时期的政治动荡中。在经历了一段坎坷的职业生涯后，他在 54 岁时带着痛苦和失望死去。富克鲁瓦对科学的主要贡献在于他的著作《化学科学知识》和《哲学》。这些著作与他的公开演讲相比毫不逊色，向其同行普及了拉瓦锡的学说。

路易·尼克拉·沃克兰，一个诺曼农民的儿子，出生于 1763 年。他还是男孩时，是鲁昂一名药剂师的助手。1780 年，沃克兰来到巴黎，受雇于富克鲁瓦的实验室。许多以富克鲁瓦的名义发表的实验著作实际上是由沃克兰完成的。1791年，他成为巴黎科学院成员、矿业学院的化学教授、造币厂的化验师，后来又成了巴黎植物园的化学教授。在富克鲁瓦去世后，沃克兰被聘为巴黎医学院的化学教授。沃克兰不是理论家，而是一位杰出的实用化学家，是当时最好的分析学家之一。他对大量矿物进行了分析，特别是为晶体学家阿羽依做了很多化学分析。他在西伯利亚所称的红铅矿石（铬酸铅）中发现了铬元素。沃克兰还首次提出绿宝石中存在铍。他描述了分离铂类金属的方法，并研究了铱和锇。他研究了硫代硫酸钠、氰酸盐和苹果酸盐。他在动物的尿液中发现苯甲酸的存在；他与罗比科特一起首先分离出了天冬酰胺，与布林纳一起分离出了尿囊酸，与布伊隆·得·拉·格兰奇一起分离出了樟脑酸。

沃克兰一生献身科学，除了待在实验室里没有其他的兴趣。他于1822年退休，66岁时在出生地圣安德烈德贝罗去世。

马丁·海因里希·克拉普罗特，1743年出生于哈茨的韦尼格罗德。在奎德林堡，克拉普罗特和沃克兰一样，开始了药剂师的学徒生涯。此后，他去了汉诺威，最后到访柏林，在波特和马格拉夫手下学习，并受雇于著名化学家海因里希·罗泽和矿物学家古斯塔夫·罗泽的父亲瓦伦丁·罗泽的药房。1788年，克拉普罗特成为柏林学院的一员。在1809年柏林大学成立后，克拉普罗特被任命为化学教授。如前文所述，他是德国第一位采用反燃素学说的杰出化学家。他还是一位卓越的分析师。他发现了碲，分析了沥青铀矿和铀，是发现铀、锆和铈的第一人。他称铀、锆、铈为“电气石”。克拉普罗特还分析了刚玉，是钛和铍（被他称为 beryllium）的独立发现者。他对矿物进行了大量分析，其中包括白榴石、金绿宝石、红锆石、花岗岩、橄榄石、钨、孔雀石、磷氯铅矿等。他生前一直孜孜不倦地进行研究，直到74岁去世。

克拉普罗特推进了分析化学的发展。他建立了一个前所未有精确标准，他的许多分析研究（包括过程和结果）都具有不朽的价值。

约瑟夫·路易斯·普鲁斯特是一名药剂师的儿子，1761 年出生于昂热。他早年从父亲那里接受了化学教育。他师从巴黎的鲁埃勒，之后在巴黎萨伯特获得了一个职位。普鲁斯特是第一位和皮拉特雷·德·罗齐埃一起乘坐热气球升空的化学家。他应西班牙国王的邀请，前往该国监督化工生产。普鲁斯特成为萨拉曼卡大学的化学教授，随后去了马德里。在那里，他就职于一家设备精良的实验室，受命研究西班牙的矿产资源。战争爆发后，普鲁斯特的研究被迫中断，他不得不离开马德里。他的实验室被彻底摧毁，珍贵的仪器和标本收藏品也随之消失。经贝托莱游说，拿破仑给了普鲁斯特一大笔钱，希望他将发现的葡萄糖转化为实际应用。但普鲁斯特的身体很差，无法承担厂长的工作，于是他退休到美因兹去了。君主制恢复后，普鲁斯特被任命为法国科学院院士，路易十八为他增加了津贴。普鲁斯特于 1826 年去世，当时他正去往故乡昂热的途中。

普鲁斯特是现在所谓的“恒定比例定律”的发现者。该定律指出，同一个物质一律由相同的元素组成、以相同的比例结合在一起。普鲁斯特是一位技术娴熟的分析员，对矿物进行过多次分析。他还是最早对有机酸金属盐进行系统研究的学者之一。

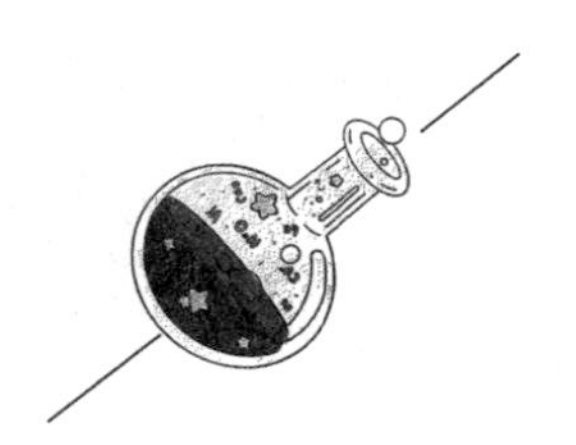

第九章 原子理论

古人的原子假说——牛顿、伯格曼、拉瓦锡、里克特：《化学计量学》——约翰·道尔顿：生平、人物摘要——约翰·道尔顿如何解释化学化合定律的——化学哲学新体系——戴维和沃拉斯顿接受了约翰·道尔顿的理论——贝采里乌斯：其生平与成就、对化学的贡献——第一组原子量精确测定——阿伏加德罗、普劳特假设

约翰·道尔顿（John Dalton）的原子理论于19世纪初提出，极具纪念意义。这一理论的提出，对化合作用的基本规律做出了简洁而充分的解释，标志着化学史上的一个新时代。

人们渴望简要地追溯该理论形成过程中的每一步，该理论比其他理论更能证明化学是一门精确的科学。物质是离散的，而非连续的，由终极粒子组成。如前所述，终极粒子不仅是古人的设想，也是留基伯、德谟克利特和卢克莱修哲学的一部分。这一假设虽然获得了牛顿和其他思想家的青睐，但在18世纪中叶以前根本没有科学依据。18世纪中叶以后，人们对化学的了解越来越多，人们发现的新的化学实例已无法用旧理论解释。道尔顿对终极粒子理论进行了拓展和明确，使其能够解释新出现的化学实例。

根据化学实例提出原子理论的最初雏形可以追溯到乌普萨拉的化学教授托

本·伯格曼（1735—1784）的研究中。他认为某些金属与其他金属的中性溶液接触后会有金属析出，溶液酸碱性不会改变，也不会产生气体，仅仅是一种金属取代溶液中的另一种金属。伯格曼因此意外发现了金属置换现象。但他认为，这一现象说明燃素从一种金属转移到了另一种金属。这一过程可能成为一种测量各种金属中燃素相对含量的方式。拉瓦锡继续伯格曼的研究，并试图说明测算金属燃素含量的过程为人们测算与氧结合的金属化合物中的金属含量提供了一种方法。但伯格曼和拉瓦锡都没有真正领会到我们今天所理解的等价概念。受到耶利米·本杰明·里希特（Jeremiah Benjamin Richter，1762—1807 年）和吉·依·费舍尔对于不同盐在溶液中的相互作用、酸度测量以及新盐的形成的论述及著作的影响，人们才开始认识到这一概念。里希特按里氏法（化学计量法术语）对物质结合比例的测量方法进行分组。

虽然原子理论诞生之前的推测和实例可供参考，但道尔顿是否受到上述因素极大影响是非常可疑的。道尔顿是一个出身低微、独立性强、极具创造性的自学成才者，他习惯于依靠自身观察和实验能力来解释化学现象和依靠自己的才智对发现化学现象进行解释。

约翰·道尔顿，一个手工织布工的儿子，1766 年出生在坎伯兰郡的伊格斯菲尔德。在道尔顿还是个孩子时候，他就承担了教师的职务，并在闲暇时间通过自身努力，掌握了数学和物理方面的很多知识。1793 年，道尔顿受邀前往曼彻斯特新学院（Manchester New College）讲授数学、自然哲学和化学，这所非圣公会英国基督学院此时已经从普里斯特利先前授课的沃灵顿搬至曼彻斯特。道尔顿在这里待了六年，此后离开该学院，从事私人教师工作，以便自己能够更自由地从事科学研究。1800 年，道尔顿成为曼彻斯特哲学学会的秘书。直到 1844 年去世，他一直与该学会保持着联系。道尔顿的大部分科学通函是由该协会出版的。在他科学生涯的开始阶段，他就被气象学吸引了；也许正是气象学的问题使他将实验放在第一位，并对气体的物理构成进行了推测。在相应的观察过程中，道尔顿发现了气体的热膨胀定律，其名字现在也普遍与这一定律相关。他对气态物质物理构成的推测源于对气态现象的思考，这令他产生了这样一个设想：气体是由相互排斥的粒子组成的，斥力随着离子彼此中心距离的增大而减小；道尔顿大概基于这一设想提出了原子的存在。道尔顿似乎是从他的发现中，第一次看到了对这些原子化合作用的规律，即若两种原子相互结合，则其结合比例可以用整数的简单倍数来表示。在测定沼气和乙烯的构成时，道尔顿发现若氢含量相同，则乙烯中的碳含量是沼气中碳的两倍。之后，他研究了氮氧化物，发现了类似的规律在这些化合物中仍然适用。1803 年秋之前的一段时间，道尔顿得出了这样一个假设，即物质是由原子组成的，原子的大小和质量因每种物质而异，但对任何特定物质来说，原子的质量和大小都是相同的，这一假设可以圆满地解释这些规律，这种化学结合是由相关原子的近似组成的。这个简单的假设解释了当时已知的所有现象。该假设解释了物质化学组成的恒常性，该性质由普鲁斯特提出，现在被表述为定比定律，即同一物质总是由相同元素组成的、以相同比例结合在一起。该定律还解释了道尔顿发现的一个现象，即当一个元素以不同比例与另一个元素结合时，较高的比例是最低比例的倍数——即当前被称为倍比定律。该定律进一步解释了所谓的互比定律（据说已被里克特预示）：当两个物体 A 和 B 分别与第三个物体 C 结合时，A 和 B 与 C 结合的比例是 A 和 B 结合比例的约数或倍数。

◎约翰・道尔顿

道尔顿的理论因托马斯·汤姆森（Thomas Thomson）于1807年出版的《化学体系》第三版对其有所记述而广为人知。同年，汤姆森发表于《哲学汇刊》的题目为《锶的草酸酯》的论文采用了道尔顿的理论。1808年出版的《化学新体系》的第一部分记述了该理论。《化学新体系》是第一本由道尔顿编写，首次记述该理论的作品。该著作的内容曾在英国皇家学会的讲座中提到过，后来，他又在爱丁堡和格拉斯哥重提了该内容。

有关道尔顿理论的记述见《化学新体系》第一部分第三章，《化合》小节，书中印有图解。

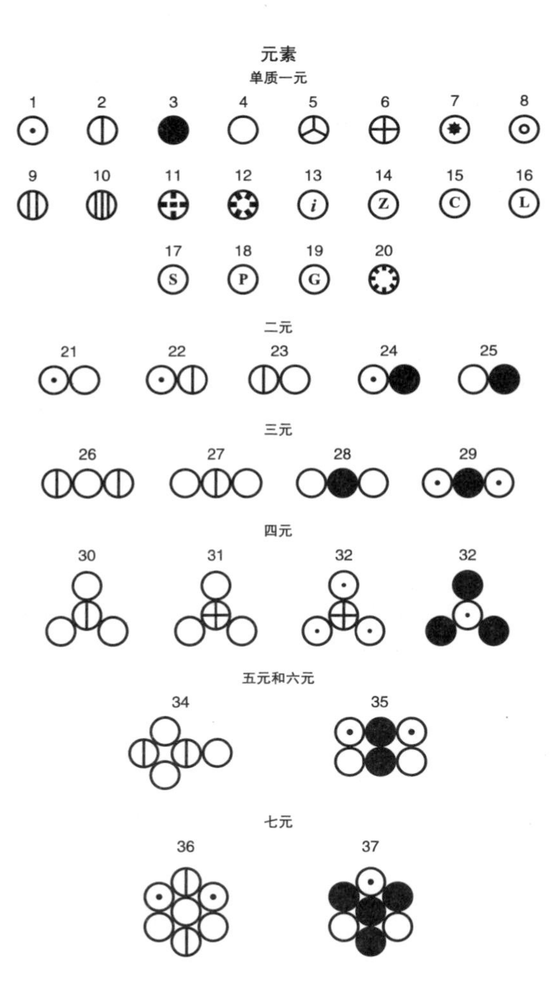

（上一页的插图包含用来表示若干化学元素或基本粒子的任意标记或符号。）

图	
1. 氢（相对质量）	1
2. 氮	5
3. 碳或炭	5
4. 氧	7
5. 磷	9
6. 硫	13
7. 苦土（氧化镁）	20
8. 石灰	23
9. 苏打	28
10. 甲碱	42
11. 氧化锶	46
12. 重晶石	68
13. 铁	38
14. 锌	56
15. 铜	56
16. 铅	95
17. 银	100
18. 铂	100
19. 金	140
20. 汞	167
21. 水或蒸汽原子，由 1 个氧和 1 个氢组成， 通过强烈亲和性保持物理接触并由共同的热空气包围；相对重量为	8
22. 一个氨原子，由 1 个氮和 1 个氢组成	6
23. 一个亚硝酸气原子，由 1 个氮和 1 个氧组成	12
24. 一个成油气原子，由 1 个碳和 1 个氢组成	6
25. 一种一氧化碳原子，由 1 个碳和 1 个氧组成	12
26. 一个氧化化二氮原子，由 2 氮 +1 氧组成	17
27. 一个硝酸原子，由 1 个氮 +2 个氧组成	19

续表

图	
28. 一个碳酸原子，由 1 个碳 +2 个氧组成	19
29. 一个碳化氢原子，由 1 个碳 +2 个氢组成	7
30. 一个硝酸原子，由 1 个氮 +3 个氧组成	26
31. 一个亚硫酸原子，由 1 个硫 +3 个氧组成	34
32. 一个硫化氢原子，由 1 个硫 +3 个氢	16
33. 一个乙醇原子，由 3 碳 +1 氢组成	16
34. 一个亚硝酸原子，1 个硝酸 +1 个亚硝气体组成	31
35. 一个乙酰乙酸的原子，2 个碳 +2 个水组成	26
36. 一个硝酸铵原子，由一个硝酸 + 一个氨 + 一个水组成	33
37. 一个糖原子，由 1 个乙醇 +1 个碳酸组成	35

道尔顿的理论可以解释某些现象，这些现象的存在是无可争辩的；但对这些现象的解释在当时并未获得普遍接受。戴维更认同牛顿关于原子的思想，他反对道尔顿提出的“原子质量”，并提出了“化合比例”的说法；沃尔拉斯顿出于同样的原因提出了“当量”，强调化学反应前后，原子数量恒定。毫无疑问，这些术语的使用阻碍了人们对道尔顿学说的接受，也给科学带来了一种干扰，我们注意到这种干扰直到 19 世纪下半叶才最终消失。

道尔顿对原子相对质量的估算以及戴维所称的化合比例值的估算，比较接近真相。出现误差的部分原因是实验数据不足，部分原因是不确定构成化合物原子的相对数量。道尔顿和他的几任继承者都没有采用任何合理的方法来确定构成该等化合物原子的相对数量。化合物中相对原子质量的比受道尔顿对构成化合物的原子种类的看法影响。道尔顿在很多情形下缺乏指导标准，他作出了最简单的可能假设；这些假设可能有效，也可能无效。不过，后续实践表明，在某些情形下此类假设是错误的。

但人们普遍认识到，尽管这些原子的重量、化合比例或当量在一段时间被冷处理，但对科学化学家来说，它们都是最重要的化学常数，专心科研的化学家，在关注理论的同时，会使用这些数值进行定量分析。专注于制造新化合物的化学家需要这些数值使操作更合理。因此，在道尔顿理论公布后不久，一些化学家就努力确定精确数值。其中代表人物为瑞典化学家贝采里乌斯，他对原子质量的估算长期以来被认为是非常精准的，科学界受惠于此，化学界内称贝采里乌斯为当代最杰出的定量化学大师。

永斯·雅各布·贝采里乌斯是一位教师的儿子，1779 年出生在瑞典东哥特兰的林雪平（Linköping）附近。贝采里乌斯最初在乌普萨达大学学习医学，后来受阿夫塞柳斯影响，贝采里乌斯对化学及化学电产生了兴趣。贝采里乌斯后来在乌普萨达大学讲授医学、药学、物理学和化学。1808 年，贝采里乌斯被选为瑞典科学院院士，并于 1810 年成为瑞典科学院院长。1818 年，他被任命为科学院的常务书记，凭借每年的津贴，他全身心地投入到了实验科学中。1818 年，贝采里乌斯被封为贵族，1835 年，被封为斯堪的纳维亚王国的男爵。这一年，他结婚了。他于 1848 年去世。

贝采里乌斯在化学史上获得了卓越的地位。在一生的大部分时间里，他作为化学家享有几乎不容置疑的权威。贝采里乌斯是非常杰出的实验者、发现者、评论家和翻译家，以及立法者。他对化学做出了广泛的贡献。他与戴维共享确立电化学的基本定律的荣誉。有关原子质量实验的著作是贝采里乌斯一生中最伟大的成就，在当时化学发展的特殊时期极其重要：该著作不仅使道尔顿的原子相对质量的数值更精确、更有价值，还首次为化学家提供了一组常数，奠定了当时实验化学所能达到的最大精度，这有助于扩大定量分析的应用范围，更准确地了解物质的组成。贝采里乌斯是一位负责任、耐心且勤奋的一流分析员；是一位娴熟、足智多谋的实践者。通过对 1700 年至 1734 年间的化学文献的粗略研究，我们可以得出一个清晰的结论，贝采里乌斯在定量化学领域付出了大量精力，做出了巨大贡献，其作用并非只是作为一个榜样。

贝采里乌斯率先发现了铈（1803 年）、硒（1818 年）和钍（1828 年）的存在，制备并研究了上述元素大量的化合物。他分离出了硅（1823 年）、锆（1824 年）、钼（1824 年），并对钒的化合物进行了研究。钒是由贝采里乌斯的同胞塞弗斯特瑞姆发现的。贝采里乌斯在很大程度上提高了我们对硫取代氧的物质基团的认识；研究了氟、铂和碲的化合物，并对矿物、陨石和矿泉水进行了分析。贝采里乌斯发现了外消旋酸，并研究了铁氰化物。正是他对外消旋酸的研究发现（外消旋酸与酒石酸的构成元素相同，元素质量比相同）使他成为掌握异构、位变异构和聚合概念的第一人。我们要将“异构”这个术语归功于贝采里乌斯。他还是第一个研究接触作用现象的人，他把接触作用理解为“催化作用”。

◎永斯·雅各布·贝采里乌斯
J.G. 桑德伯格　绘

贝采里乌斯创作了大量的科学著作。他的新矿物学体系标志着这门学科发展史上的一个时代。他的化学教科书简介说明很长，历经多个版本，不断修改。他的《物理和化学发展年报》写了 27 卷，这体现了其勤奋、敏锐和批判精神。

尽管没有获得大学任职，但贝采里乌斯拥有一个中等规模的实验室，其作为一名教师影响力巨大。18 世纪许多著名的化学家，如海因里希和古斯塔夫·罗斯、杜隆、米希尔里希、维勒、克里斯蒂安·戈特洛布·格梅林和莫桑德尔都是贝采里乌斯的学生，这些人中的许多人都证明了他作为一个自然研究者有催人上进的力量；学生们也都认为他是一个值得尊敬、和蔼可亲的人。

道尔顿猜想于1808年得到了盖·卢萨克的发现的进一步支持。他认为气体总是以特定的积比率化合在一起，在一定的温度和压力条件下，形成的气体产物的体积与反应前气体的体积有特定关系。波义耳发现的压强定律、道尔顿的热膨胀定律和盖·卢萨克的体积定律（该定律被界定为道尔顿之前独立提出的定律）都是基于等体积的气体所含粒子（不区分是单个粒子还是复合粒子）数量相等的假设。1811年，意大利物理学家阿伏伽德罗首次明确阐述了这一想法，但正如后来我们看到的那样，直到半个世纪后，人们才认识到体积定律的重要性。

随着原子量值逐渐精确，人们开始对观察到的原子之间数值关系进行推测。1815年，威廉·普劳特（William Prout）否定了气态元素的原子量是氢原子量整数倍的假设。将其理论进行归纳总结，我们可以认为所有种类的物质均是原始物质的不同形态。随后的研究表明，普劳特“定律”（姑且称为“定律”）所涉及的原始物质是没有根据的。有确凿的证据表明，某些元素的原子量并不是整数。杜马随后在重新测定了众多原子量后，对定律做了修改，假定某些元素的原子量并非整数。尽管经过精确测量，大部分元素的原子量明显接近整数，但斯塔斯及其他学者无法提供合理的研究结果证明普劳特假设是正确的，而实验证据表明杜马提出的基本假设是合理的。

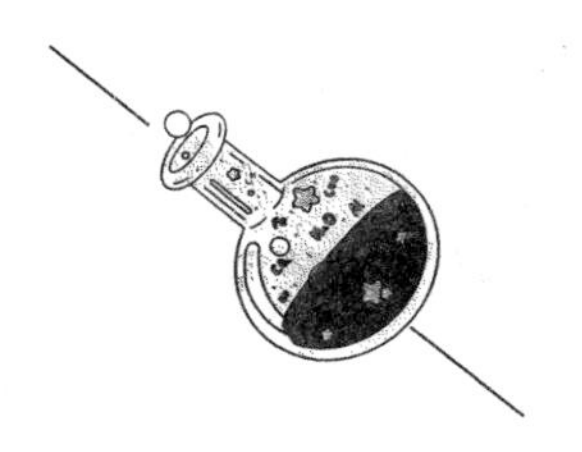

第十章
电化学的起源

电堆——尼科尔森、卡莱尔电解水——戴维的伏打电在碱金属分解中的应用——戴维的生平、成就——沃拉斯顿的生平、成就——贝采里乌斯电化学系统、二元论——贝采里乌斯改革了化学符号和命名法——盖·卢萨克其生平、成就——泰纳尔其生平、成就——法拉第及限定电解作用定律

由于伏打电堆的发明，以及威廉·尼科尔森与安东尼·卡莱尔爵士用伏打电堆电解水，1801 年这一年变得更加浓墨重彩。这种将水分解成氢气和氧气的实验在当时引起了极大轰动，主要是因为该实验采用了一种非同寻常的方法。该实验提供了一种独立的、特殊的证明水的化合物性质的方法，这种方法理论上与先前确定水分子构成的方法完全不同。对于氢气燃烧生成水这一现象，燃素论者（如普利斯特里）无法给出令人信服的答案。我们甚至怀疑卡文迪许是否完全清楚他伟大发现的真正意义。卡文迪许定量分析结果与拉瓦锡所做的合成结果相吻合。据说这一重大发现造成了燃素论的式微。

伏打电堆作为一种分析设备的价值在英国更快得到重视。在汉弗莱·戴维手中，伏打电堆在碱金属和碱土分析中的应用带来了大规模的新发现。

汉弗莱·戴维于 1778 年在彭赞斯出生。戴维在学习医学的过程中对化学产生了兴趣；成为贝多斯博士（先前为牛津大学的化学老师，但后来住在布里斯托尔附近的克利夫顿）的化学助理。在担任贝多斯气动研究所的助手和操作员期间，戴维发现了一氧化二氮（所谓的笑气）的麻醉属性，这项发现让他一举成名，在伦敦新成立的皇家学会任命戴维为化学讲师，接替加尼特。戴维很早就开始进行流电实验，很快就成功提出了电化学的基本定律；1807 年，戴维通过电解钾碱和纯碱，确定了钾盐和纯碱是化合物（先前确实已推测出该结论）。他随后证明，碱土也是化合物。戴维因此在现有元素的基础上添加了五六种金属元素。

这些发现，也许是这些化学家所处时代最耀眼的发现。它们否定了拉瓦锡关于氧元素的假设，即“酸性理论”。水作为一种中性物质，没有证据表明其显酸性。强碱性化合物——钾碱和纯碱的实验进一步证明了这一点。

戴维在 1810 年给出了另一个证据，证明了所谓的氯酸，即舍勒发现的脱燃素海生酸，不含氧气，是一种简单的、难以分解的物质。戴维用“氯”（chlorine）这个名字替代，暗示了这种元素的颜色[①]。在对这一物质的研究过程中，戴维发现了五氯化磷、三氯化磷、氯磷和过氧化氯。戴维还是碲化氢的发现者，以及硝基磺酸的独立发现者。

◎汉弗莱·戴维爵士

① “Chlorine”源自希腊文“khlōros”，意为“绿色”。——译者注

戴维对碘和碘酸盐、钻石、所谓卡代氏发烟液体、氯化氮和古人的颜料都有所研究。最后，他发明了矿工的安全灯，其姓名将永远与安全灯关联在一起；当时的煤矿革命也受此影响。他于 1820 年成为皇家学会主席，并于 1829 年 5 月 29 日在日内瓦逝世，享年 51 岁。戴维天赋异禀，智力超群、想象力丰富、活泼、机灵，是一个能言善辩的老师，一个有胆识、有才华实验家。

威廉·海德·沃拉斯顿，1766 年出生于诺福克的东迪勒姆。他在剑桥大学接受医学教育，但没能获得实习机会。他致力于探索科学，特别是光学和化学。他设计了一种制造铂的方法，成为发现钯和铑的第一人。沃拉斯顿是那个时代最聪明、最敏锐的分析员之一，具有非凡的创造力。他分析了泌尿系统结石和痛风石。当时，沃拉斯顿关于草酸钾的论文在证明倍比定律方面具有宝贵的价值。沃拉斯顿首先注意到了太阳光谱中存在夫琅禾费线（后来定义的），他发明了反射测角仪和显画器，以及用于化学计算的计算器。他在气质和智力属性方面上与卡文迪许相似，同卡文迪许一样，沃拉斯顿凭借其在科学知识方面广度和精度，以及其谨慎的品质，冷淡而沉默的性格而闻名。他于 1828 年逝世。

◎威廉·海德·沃拉斯顿

在伏打将其发现发表成文后，科学家立即展开了各种尝试，瑞典的贝采里乌斯和英国的戴维证明电和化学现象存在相互关联、相互依赖的关系。1812 年，贝采里乌斯对这一假设进行了全面的阐明，奠定了对 19 世纪上半叶化学理论产生重大影响的化学体系基础。

贝采里乌斯认为，电极是所有原子的属性，这些原子是双极的，但在原子中，要么正电占据主导地位，要么负电占据主导地位。因此，可将上述元素分为两类，即正电荷和负电荷（取决某种电荷过剩）。通过确定电解分离元素的特定电极可确定哪种电性占主导地位。化合物也具有极性。不同元素及化合物的化学亲和性与极性；由此产生了化合作用，该作用是两种电荷（或多或少）完全中和而产生的结果。根据元素电属性的研究，贝采里乌斯是将这些元素按序列排列，把氧作为最具有电负性的元素。

贝采里乌斯将这些概念当作一种分类方法的基础。这一尝试具有历史意义，第一次系统地深入了解了化合物的构成，即确定原子相互组合或排列的方式，换而言之，对物质的构成的理性推断，是现代化学的标志。

上述观点的一个必然结果为：每一种化合物都被认定为由两种电荷的粒子构成。钡氧化是由正电钡离子与负电氧离子结合而成的化合物，硫酸钡为正电钡离子与负电硫酸离子结合而成的。根据两种氧化物在电极上的分离，可归纳为碱性氧化物总是盐的正电成分，而酸性氧化物是负电成分。当时，研究人员认为硫酸钡是由 BaO 和 SO_3 两种物质组成的，因此被称为钡硫酸盐。贝采里乌斯扩展了这一概念以解释复盐的生成，例如，对于钾明矾，贝采里乌斯认为是正硫酸钾和负硫酸铝的二元化合物，反过来，每一种化合物都可分解为电性相反的酸性和碱性氧化物。

贝采里乌斯的二元论概念引导其建立了一个化学命名体系。该体系的一些符号经过修改后在当代化学文献中普遍使用。我们认为贝采里乌斯的贡献是他把元素分成金属和非金属，以及建立我们现在使用的符号表示体系，在这个体系中，即便复杂的化学反应也可用简明易懂的方式表达出来。虽然炼金术士也采用了化学符号，但贝采里乌斯首先提出，化学符号不仅应代表其所指的元素，而且还应表示其相对原子量。化学方程式两边元素原子数量相等，质量相等。用戴维的话来说，这样的方程式表明化学与数学联系密切。但自称是数学家的人却迟迟没有认识到化学反应可以用数学的表达方式来表达。戴维提到自己与拉普拉斯讨论原子理论时，表达了科学界最终会接受这种数学表达方式，他作为这一表达方式的建立者很自豪。不过，拉普拉斯对这一观点反应冷淡。

贝采里乌斯的电化学体系，以及与之相关的二元论思想，在无机化学的应用方面具有重要价值；但它们并不适用于有机化学领域，有机化学在 1825 年以后开始迅速发展。该体系不能适用于所用情况，最终被放弃了。实际上，戴维对氯的基本属性的发现，以及相应酸未必含氧的认识确实对该体系造成了致命打击。戴维和后来的杜隆明确表示如一定要把一种元素当作酸的必要元素，这种元素一定是氢，而不是氧；从某种意义上说，后一种观点最终占据了主导地位，它认为酸是氢类盐。

在法国，盖·卢萨克和泰纳尔能对电化学进行了的研究主要归功于拿破仑皇帝。拿破仑为建造大型化学电池提供了资金。发表于 1811 年的《电堆上完成的物理化学研究》便是研究成果之一。作为气体结合定律发现者之一的盖·卢萨克（Gay Lussac）在这一时期的化学史上发挥了举足轻重的作用。卢萨克是最早认识到道尔顿理论重要性的人物之一，他通过自己的发现指出了道尔顿理论的重要性。通过贝托莱关于氨气化合体积研究，以及他与洪堡德于 1805 年进行空气成分分析时发现一体积氧气与两体积氢气化合生成水的结果，卢萨克总结了气体化合规律。该规律具有普遍性：如果气体的物质的量与体积存在一定关系，那么气体发生化合反应的体积比固定，生成气体体积可求。

约瑟夫·路易斯·盖·卢萨克于 1778 年出生于圣伦纳德，曾在巴黎学习化学，并与贝托莱一起从事化学研究。在国立桥路学校就读工程学期间，卢萨克开始展开物理、化学实验工作，并以此成名。1804年，卢萨克与毕奥一起进行了多次热气球升空实验，以研究大气层上部的物理性质和化学性质。1806年，卢萨克成为巴黎综合理工学院的化学教授，1832年成为巴黎植物园的教授。他还是法国造币厂的主要化验师之一。作为多个委员会的委员，卢萨克在政府圈子里具有相当大的影响力。他于1850年去世。

盖·卢萨克和泰纳尔首先发明了一种通过纯化学工艺获得钾和钠的方法，通过这种方法，可以得到的相应金属量远超当时通过电解法获得的量。因此，这两位科学家能够利用这些金属的强脱氧功能来实现若干还原，特别是还原硼氧化物得到硼。盖·卢萨克和泰纳尔还是最先知晓氟化硼存在的科学家。我们还要感谢盖·卢萨克首先发现了所谓的复合自由基——氰。盖·卢萨克是第一个制备碘乙烷的人，他还研究了乙硫酸和葡萄糖，研究了醚化和发酵。我们还感谢他提出了一种测定蒸汽密度的方法，实践证明该方法极大地促进对物质的分子量的测定。他研究了碘及其化合物，与韦尔特一起发现了硫代硫酸，并与李比希合作对雷酸进行了研究。

盖·卢萨克对分析化学方面的贡献包括火药分析法、银的容量测定法（湿银分析法）、氯仿分析法、碱度测定法等。盖·卢萨克设计了一套葡萄酒酒精含量测定系统，法国现在仍在使用该系统。

路易斯·雅克·泰纳尔，1777年出生于塞纳河畔的诺根特，是沃克兰和贝托莱的学生。1797年，泰纳尔就职于巴黎综合理工学院，并最终成为该学院的教授。随后，他担任法兰西学院化学系和巴黎大学科学院的主席。1824年，泰纳尔被查理十世封为贵族，80岁时在巴黎逝世。

除了上述已提及的泰纳尔与盖·卢萨克的成果外，我们还得感谢泰纳尔发现过氧化氢和过硫化氢。他和杜隆一起研究了铂对氧氢混合物的催化作用。泰纳尔研究了脂肪酸、发酵和乙醚的形成；他还是分离柠檬酸和苹果酸的第一人。泰纳尔致力于胆汁酸、汗液酸、蛋白酸、尿液酸、牛奶酸以及媒染剂的理论研究。

1834年，法拉第发现了一个重要现象，即当电流通过一系列电解质——水、盐酸、金属氯化物溶液时，此类溶液在负极产生了一定量的氢气或金属，在正极产生了相应数量的氧或氯。法拉第根据其“特定电解作用定律”解释了这些研究结果。由此得到的电化学当量在某些情况下与贝采里乌斯推导的原子量相同；在另一些情况下则不相同；但在不同情形下，这些电化学当量与假定的原子量有某种特定关系。法拉第预计电化学当量可用于确定原子量，尽管这一想法未获人们重视，但人们并没有忽略法拉第研究的重要性。当时还不理解当量、原子和分子之间的明显区别。此后，如本文所述，直到19世纪下半叶，人们才明白它们的不同。

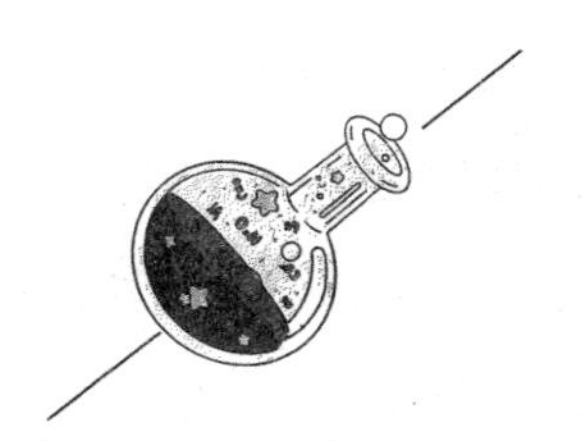

第十一章 有机化学基础

尼古拉斯·莱梅里将化学分为无机化学和有机化学的两个主要分支——十九世纪早期有机物学科状况——动物化学、生命力学说——维勒合成尿素——有机化学是碳化合物化学——拉瓦锡、贝采里乌斯、盖·卢萨克及泰纳尔·李比希在有机分析方面进行了早期尝试——发现异构体和同素异形体——氰——复合自由基理论——杜马和鲍莱的醚浸出菌素理论——李比希、沃尔关于苦杏仁油的研究——苯甲酰理论——本生对阿尔卡新的研究——可可碱——弗兰克兰发现乙基锌

化学的发展就如同晨光一样愈发明亮，有必要对化学内容进行系统地梳理。在17世纪开始出现的各类专著中，人们试图将化学现象进行有序且合理的分类。尼古拉斯·莱梅里于1675年发表的《化学分类》是最早的系统性讲解化学的专著之一。尽管该专著被博尔哈夫称为“一团糟的配药程序，没有清晰的设计或连贯性”，但值得注意的是：这本著作是第一个将化学学科划分为现在主要分支——无机化学和有机化学的作品。

这里，我们尽可能简要地说明一下截至17世纪初有机化学的概况。如前所述，乙酸、松脂、淀粉、糖、某些染料和石油等相关物质早就为人所知；人们很早就发明了皂化和发酵等工艺。炼金术士制备了各种精油、脂肪醚和酯类；而医学化学家则从木材中获得了苯甲酸、琥珀酸和乙酸。法布里齐奥·巴托莱蒂于

1619年首次制备了乳糖。1660年，格劳伯首次提到蜂蜜中含有葡萄糖。波义耳在木材的破坏性蒸馏产物中首次发现了一种烈酒。斯塔尔追随者中有少数人员从事有机产品研究；直到燃素理论终结后人们才再次关注动植物产品。舍勒于1784年分离出甘油，通过蒸馏食盐、软锰矿、硫酸和酒精的混合物才得到氯乙烷。1759年，劳拉克艾斯首次制备乙酸乙酯。阿维森于1777年获得了甲酸乙酯。萨瓦里于1773年首次制备出草酸醚。长期以来被称为葡萄酒油的物质由利巴菲乌斯首先提出，亨内尔于1826年分析出其构成。舍勒于1774年发现了醛，富克鲁瓦、沃克兰、盖·卢萨克对其进行了研究，不过，1835年，李比希才首次将其分离出来。

人们知晓的第一种有机酸是醋（醋酸）。很长一段时间以来，人们认为所有自然产生有酸味的有机酸都是乙酸。直到18世纪下半叶，人们才清楚地发现各种完全不同于乙酸的有机酸。洛维兹于1789年首次得到了冰醋酸。冰醋酸是对木材进行破坏性蒸馏的产物；哥特林于1779年首次获得了醋酸。人们很早就对醋酸发酵进行了研究。巴兹尔·瓦伦丁、贝歇尔（1669年）、莱梅里（1675年）和斯塔尔（1667年）在其作品中对将葡萄酒转化为醋的方式进行了推测。普里斯特利曾经一度认为醋含有一种植物酸气，但后来他发现并纠正了自己的错误。拉瓦锡和贝托莱研究了酒精直接转化为乙酸的过程，贝托莱是第一位清楚地认识到这是一个氧化过程的人。1814年贝采里乌斯首次确定了乙酸的构成元素。人们多年前早就知道了乙酸酯。西奥弗拉斯、迪奥斯科里德斯和普林尼对铜绿进行了描述。贾伯发现了醋酸锌，普林尼发现了醋酸钾，普林尼描述了醋酸钾的医学用途。醋酸铵早在17世纪初就用于医学，医生雷蒙德·明德雷尔特别推荐使用。1736年杜哈梅尔制备了醋酸钠。醋酸铅早在17世纪就已为人所知，并被利巴韦乌斯说成是完美蔗糖铅（完美蔗糖铅暗指其甜味）。炼金术士拉克·维吉尼斯称醋酸铅为碱性醋酸铅的浑浊溶液，经常在医学上使用，尤其是1760年的古拉德（Goulard）喜欢使用碱性醋酸铅。我们现在所说的丙酮最早是在1595年由利巴菲乌斯发现，后来波义耳在醋酸铅的破坏性蒸馏过程中对丙酮进行研究：特罗姆斯多夫、得罗索尼和切尼维西对由其他醋酸盐生成丙酮进行了研究，并称丙酮为热醋酸溶液。1831年，李比希首先确定了丙酮的属性和构成。

在葡萄酒酿制过程中会形成酒石早就为人们所知。人们最初将酒石称为“faex vini”。“Tartarus”（塔尔塔罗斯，地狱）一词最早出现在11世纪的炼金术文献中，是一个阿拉伯单词的拉丁文形式。1764年，玛格拉夫确认了酒石中含有钾，舍勒于1769年首次分离出酒石酸。

1672年，罗谢耳的药剂师彼得·塞涅特（Peter Seignette）首次制备了碳酸钾钠复盐，并将其用于医学。1631年，阿德里安·冯·明希特对吐酒石进行了研究，1773年由伯格曼验证其构成。酿酒师凯斯特纳首次提及外消旋酸，外消旋酸于1819年被认定为一种酸。贝采里乌斯对外消旋酸与酒石酸（外消旋酸与酒石酸为同分异构体）的关系首次进行了解释，并对其进行了命名。

长期以来，人们将天然草酸盐与酒石酸盐当作同种物质。1776年，舍勒利用硝酸与糖制备草酸。伯格曼对这种酸做进一步研究，他发现这种酸在热的作用下分解，产生一种蓝色火焰燃烧的气体。舍勒于1784年确定天然草酸与糖制备的草酸是同一物质。杜隆于1815年首次确定了草酸的定量构成。舍勒于1780年发现了黏液酸，富克鲁瓦对此进行了研究。黏液酸现在的名称是由富克鲁瓦命名的。舍勒还发现了糠酸，赫姆布斯特-霍顿实验室对此进行了研究。樟脑酸最早由布伊隆·拉格朗日和沃克兰发现。布鲁纳特利于1787年发现了辛二酸。

人们在16世纪就知道安息香胶升华可以产生一种名为苯甲酸的物质。杜尔哥特·德·梅耶内将其作以安息香花入药。舍勒提出了用湿法从安息香胶中取酸的方法。1709年莱曼在秘鲁的香脂中检测到安息香。鲁埃勒在牛和骆驼的尿液中发现了安息香。1829年，李比希发现了马尿酸和苯甲酸之间的差别。波特于1753年首次检测到了琥珀中的特性酸（琥珀酸）。

雷伊于1676年首次分离出了甲酸。1780年，舍勒在酸奶中发现了乳酸。乳酸一度被认为是不纯醋酸，直到贝采里乌斯在肌肉汗液中发现乳酸，才确定了其属性。1832年，米希尔里希和李比希确定了乳酸的构成。柠檬酸自13世纪就为广为人知，但它直到1784年才由舍勒分离出来。苹果汁在16世纪用于医学，唐纳德·蒙罗于1767年制备出了苹果酸与苏打反应而生成的盐。

古人已经知道将没食子提取物与铁矾溶液混合后会呈现出黑色；波义耳和伯格曼将这种现象归因于存在一种特殊的酸。没食子酸最早于1785年被舍勒分离出来；贝采里乌斯于1814年确定了其构成。1795年，塞金确定了单宁酸与没食子酸的区别。

16世纪的矿物学论著中提到了蜜蜡石。蜜蜡石由一种特殊酸（苯六酸）的氧化铝盐组成；克拉普罗特于1799年证明了这一点。

一个名叫迪斯巴赫的染工于1710年偶然发现了普鲁士蓝。伍德沃德于1724年提出普鲁士蓝的制作方法。这一时期许多化学家对其特殊反应进行了研究，但没有得出任何有意义的结果。舍勒观察到，用硫酸处理普鲁士蓝，得到了一种易挥发、易燃烧、易溶于水的酸。这种酸被伯格曼称为“柏林蓝酸”；后来居顿·德·莫沃将其称为“普鲁士酸”。舍勒也制备了银和铵的氰化物。贝托莱确定普鲁士酸不含氧。无水普鲁士酸最初是由冯·伊特纳得到的。伊特纳首先证明了普鲁士酸的剧毒性。1802年，宝林曾在苦杏仁油中注意到了普鲁士酸的存在，迪奥斯科里德斯确定了普鲁士酸有毒的特性。普罗特首次完全分离了亚铁氰化钾，随后发现了硫氰酸盐，其定量构成由贝采里乌斯于1820年确定。盖·卢萨克于1815年确定普鲁士酸为氢和氰的化合物。

1822年维勒发现了氰酸，同年利奥波德·格梅林也发现了铁氰化物。

1800年，霍华德首次制备了雷酸汞；1802年，布鲁纳特利制备了雷酸银。1822年，李比希认识到雷酸汞、雷酸银与一种特殊的酸有关；他称之为雷酸，并且证明了这种酸与维勒发现的氰酸的构成相同。1776年，维勒在胆囊结石中发现了由富克鲁瓦命名的尿酸。1799年，富克鲁瓦和沃克兰首次确切地分离出了尿素。1828年，维勒合成了尿素。

植物的苦味素和其药用属性很早就引起了人们的注意。富克鲁瓦和沃克兰率先尝试从金鸡纳树皮中提取苦味素和药用成分。金鸡纳树皮长期以来凭借着其退热的功效为人们所知晓。1806年，沃克兰获得奎宁酸。戈梅斯于1811年首次分离出辛可宁。

鸦片的化学性质在十九世纪早期曾成为诸多研究的主要对象。赛尔杜纳于1805年检测到了罂粟酸的存在，1817年发现了吗啡，但赛尔杜纳认为该物质是生物碱。1835年罗彼奎特发现了那可丁。佩尔蒂埃和卡旺图对其他苦味物质进行了研究，并在1818年发现了马钱子碱、番木鳖碱（1819年）和藜芦碱（1820年）。

拉瓦锡的同侪和后继者首先尝试对动物来源的有机物的化学属性进行系统性阐述。这一时期，福克罗伊和沃奎林主要进行了动物化学方面的研究。福克罗伊的学生谢弗勒尔在1700年至1710年研究了尿液、伟晶腊石和动物脂肪。基尔霍夫于1811年发明了将淀粉转化为糖的方法；德贝莱纳于1822年提出了一种人工制备甲酸的方法。杜马和鲍莱在1827至1828年间制备了许多新的乙醇衍生物；在1834年，杜马和皮里哥以同样的方式研究了甲醇的化学属性，并指出甲醇的化学性质部分与有机物类似，部分与无机物类似。

虽然在1825年之前，我们已经获得大量在动植物中发现的物质的相关信息，这些信息包括物质的存在方式和构成，但此后人们并未认真尝试对这些物质进行系统研究。事实上，人们甚至认为无机物的相关原理并不适用于有机物。经过人们的研究，无机物的相关原理已被人们知晓。

截至1828年，人们认为无机物和有机物存在显著差异，因为无机产物可以通过人工方法制备，甚至可以通过实验室的合成工艺由其元素组合而成，有机物只能在动植物体内通过生命力形成。同年，维勒证明尿素（动物新陈代谢的产物）可以由无机材料合成。人们也陆续地发现了其他类似的例子；事实证明有机物质只能在生物体中产生的观点是错误的。此外，人们还研制了大量具有生物活性的物质，但尚未确定是否会在动物界或植物界存在。因此，无机世界和有机世界没有明确的分界线。

今天我们所说的“有机化合物”仅指碳的化合物。这些化合物数量众多，而且往往非常复杂，因此将其组合在一起并作为化学学科的一个特殊部分进行研究很方便。一开始，人们假定有机物的构成元素不多。这个观点确实被认定为有机物和无机物之间的一个根本区别。拉瓦锡认为所有有机体都由碳、氢和氧构成。贝托莱首先在从动物体内提取的物质中发现了氮的存在，随后检测出了硫和磷。

拉瓦锡作为最早的研究者之一，提出了确定有机（碳）化合物组成成分的确切方法。他还指出了确定这些物质中所含元素比例的通用理论。然而，事实证明这些方法具有非常严重的缺陷，以至于直到 1890 年才确定有机物也遵循倍数比率。受益于贝采里乌斯、盖·卢萨克和泰纳尔，特别是李比希在 1830 年的研究工作，已完善的有机分析方法可以确定此类化合物的实验组成。至此，化学这门学科得到了前所未有的快速发展。人们不仅确定了许多产品的构成（如糖、淀粉、植物酸、某些生物碱等）而且有了意外发现。其中最意外的发现为异构现象。

直到 19 世纪，人们才明确构成比例相同的物质未必是相同物体。1823 年，李比希发现，维勒银氰酸盐的构成与雷酸银的相同。法拉第于 1825 年在油气中发现一种与乙烯的构成相同的碳氢化合物；而在 1828 年，维勒发现了两种完全不同的物质，即尿素和氰酸铵，它们的构成元素却完全相同。最后，贝采里乌斯发现酒石酸和外消旋酸亦是如此，于是他提出了“异构”一词来表示这种普遍的现象。贝采里乌斯进一步指出，只有认为同分异构体中原子的不同才能解释这一现象。

但是，原子的位置对物质特性的影响并不局限于化合物。同样的现象也出现在单质中。拉瓦锡最终确定钻石和木炭具有相同的化学构成，均由碳原子构成。舍勒证明石墨是碳的一种形式。此后证明磷、硫和氧具有各种异形体。1841 年，贝采里乌斯将这一特征情形归为术语“同素异形”。

对同分异构现象的认识对有机化学的发展产生了重大影响。最终产生了如下的假设：在有机化合物中发现特定的元素团或原子复合物，即所谓的自由基。这一概念最初是基于盖·卢萨克对于氰的发现。氰由碳和氮构成，它的特性类似于一种单质（如氯），并产生了类似于相应氯化物的化合物。李比希和维勒于1832对苦杏仁油及其衍生物进行了具有里程碑意义的研究。该研究有力佐证了化合物自由基存在的理论，其在研究中证明可将相关物质用特殊基团表示，基团特征类似于一种元素。对于化学家来说，将特殊基团视为单一元素的想法并不鲜见：其中包括1815年盖·卢萨克发现的氰。杜马和鲍莱在1828年曾尝试将乙醇和乙醚的衍生物归类为含有共同自由基（次乙基）的化合物。盖·卢萨克曾指出，乙醇的蒸汽密度表明其是由等量的乙烯和水构成的。罗彼奎特也表示氯乙酯可能是盐酸和乙烯的化合物；德贝莱纳则认为无水草酸是碳酸和碳氧化物的化合物。

而李比希和维勒的研究进一步明确了该观点。根据该观点，化学被分为简单自由基化学（无机化学）和复合自由基化学（有机化学），这对有机化学的发展产生了深远影响。本生（Bunsen）通过研究氧化双二甲砷（alkarsin，所谓的“碱熏液”）——一种长期以来采用亚硝酸盐加热乙酸酯产生的恶臭物质，对这一观点进行了佐证。他证明该液体中有一种含砷的复合自由基；他制备了若干衍生物，可将所有这些衍生物配制成这种自由基的化合物，他称之为卡可基（二甲砷基）。科尔贝对乙酸盐的电解研究和弗兰克兰对乙基锌的发现为自由基化合理论提供强有力的支撑。

毫无疑问的是，尽管该学说极大地促进了对有机化学的探索，但人们逐渐认识到，把无机化学和有机化学分别看作简单自由基化学和复合自由基化学是对该学科两大分支之间真实关系的误解。实践表明物质的属性更多取决于其原子的排列而非其性质。复合自由基学说尝试将贝采里乌斯的二元论理论拓展到有机化学的实践中，因此受到了这位伟大的瑞典化学家的欢迎。但人们发现即便在无机化学中，二元论本身就存在局限性；当将该理论应用到该学科的其他主要分支中时，这些局限性更为明显。因此，研究者（尤其是法国化学家洛朗、杜马和日拉尔）进行了各种尝试，他们采用了贝采里乌斯及其后继者没有采用的电化学和二元概念的方法来制备有机物。

在我们能够对有机化学的缔造者李比希、维勒、杜马的努力和由此产生的成就做出更充分的陈述之前，延后对其个人史的描述并无不妥。虽然在19世纪上半叶结束时，有机化学的地基已经奠定，但直到下半叶上层建筑才被确立起来。

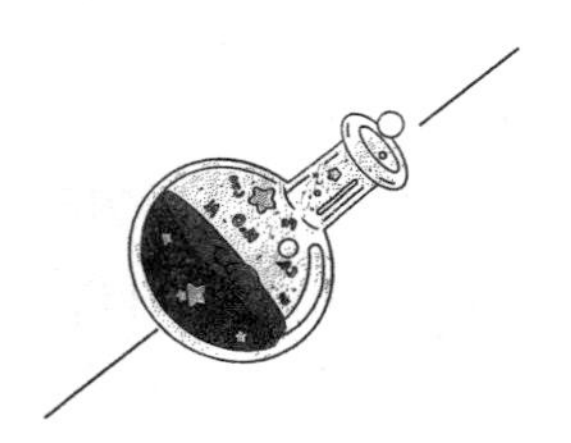

第十二章 物理化学的兴起

化学与物理学的关系、热与化学现象的关系——水银温度计的改进——牛顿、沙克伯勒、布鲁克·泰勒、卡文迪许、布莱克——布莱克发现潜热——发现比热——拉瓦锡、拉普拉斯实验——杜隆—珀蒂定律：其在测定原子质量中的价值——化合物比热——诺依曼——米希尔里希发现同构、气体动力学理论预示——格雷姆发现气体扩散定律、蒙热和克洛埃特发现气体液化——诺斯摩尔、法拉第——气体单位体积重量知识在确定其分子量时的价值——杜马、盖·卢萨克——测定蒸汽的方法——约翰·道尔顿、亨利——气体溶解度定律——施罗德、柯普——关于液体和固体体积关系的工作、液体的化学性质与其沸点之间的联系

物理和化学是一对孪生姐妹他们都是自然哲学的女儿；就像朱诺的天鹅一样双宿双飞，形影不离。物理学涉及影响物质的能量形式；化学研究涉及受此影响的物质。因此，每门学科都是对另一门学科的补充。古代哲学家们至少在自身研究时没有对物理和化学做任何实际的区分。像波义耳、布莱克、卡文迪许、拉瓦锡、道尔顿、法拉第、格雷姆、本森这样的科学家都是多个领域的先驱者。天赋和爱好引导他们将研究领域拓展到两大学科的公共领域。因此，出现了这样的情形，即许多所谓的物理定律是由自称为化学家的人发现的。历史上也曾发生过这

样的事情：最初作为化学家开展科学生涯的学者（如道尔顿、雷诺和马格努斯）最终将全部精力投入到了物理测量上；或者像布莱克、法拉第和格雷姆致力于物理问题的研究。由于某些物理规律和物理问题对化学的发展产生了很大的影响，有必要对这些规律和问题起源做一些说明，以说明它们是如何影响化学理论发展的。

热与化学现象的关系极为明显、密切。因此对上述两者之间关系的研究在很早以前就引起了大量关注。但只有相关研究为定量研究时，才可进行任何重要的概括归纳。大多数热量的定量估算最终取决于温度；而温度计首先要归功于英国人对于精确仪器的研制。

提到温度计，人们可能会想到牛顿和舒克伯格的名字。1723 年，布鲁克·泰勒对作为温度测量装置的水银温度计进行了专门研究。换而言之，泰勒尝试探求水银的体积与温度之间的关系。结果表明，水银温度计的在水的沸点和冰点之间的温度范围内是有效的。随后由卡文迪许重复此类试验并证实了试验结果；布莱克也单独验证了该实验结果的有效性。

1760 年前的某一天，布莱克发现了潜热。潜热现象的发现标志着科学史上的一个新时代。当时人们第一次清楚地认识到，物质的聚合与热量有关，为了产生变化，必须吸收或释放热量。因此，功与能量之间存在着定量联系。

布莱克在 1761 年至 1765 年间在格拉斯哥的演讲中讲授了比热学说。随后，欧文在 1765 年至 1770 年间，克劳福德在 1779 年对这一学说进行了实验研究。1781 年，威尔克在《瑞典皇家学院学报》上发表了若干检测结果。大约在这个时候，许多研究人员，特别是拉瓦锡和拉普拉斯，将测定物质在一定温度间隔所需的热量作为实验的对象，这些人士极大地改进了热的测量装置。长期以来，当时研究者获得的数值仍然是对物质比热最可靠的测算。他们通过合作研究，列出相关测定精度所需的一般实验环境，从而对热化学的发展产生了进一步影响。拉瓦锡和拉普拉斯在 1782 年至 1783 年间还测量了物质燃烧释放的热量，以及在呼吸过程中产生的热量。1819 年，杜隆和珀蒂指出：一些物质，特别是金属的比热与其原子量成反比；换句话说，比热与原子量的乘积为一个常数。从下表中杜隆和珀蒂得出的某些结果：

元素	原子量	Wt 比热	原子热
铋	208	0.0288	6.0
铅	207	0.0293	6.0
金	197	0.0298	5.8
铂	195	0.0314	6.1
银	108	0.0570	6.1
铜	63	0.0952	6.0
铁	56	0.1138	6.4

可以看出，这些不同的元素的原子热大致相等，约为 6.2。

正如杜隆和珀蒂所述，上述结果证明了“单质原子热相等”。常数值的变化是研究误差造成的，但更具体地说是因为所比较的物质并非都处于严格可比的情况下。例如，其与熔点的距离并非都一样。此外，研究还表明，在一定的温度区间内使物质温度提高相同刻度所需的热量随着温度的升高而增加。因为是在特定情况下进行测定的温度范围，所以影响到了比热的值。观察到最明显偏离统一值的情况发生在类金属之间，类金属通常为低原子量的元素，它们的温度变化非常迅速。

尽管有其局限性，但人们很快认识到杜隆和珀蒂的发现的重要性，因为了解一种元素的比热可能对确定其原子量具有重大价值。其直接影响是，贝采里乌斯主要出于化学方面的考虑而确定了一定数量的原子量。虽然后来的实践证明杜隆和珀蒂定律不能由杜隆、珀蒂提出的简单数学表达式表述，但该定律在确定原子量方面的巨大价值。

皮埃尔·路易·杜隆，1785 年生于鲁昂，在巴黎工艺学院完成化学和物理学课程的学习后，担任该校化学教授，后来又担任物理教授。1830 年，杜隆被任命为研究主任；1832 年成为法国科学院常务秘书。杜隆以一个年轻人的身份与贝采里乌斯一起进行研究，杜隆首次对水的构成元素质量进行了比较准确的测定。1811 年，杜隆发现了易爆炸的氯化氮。在研究中他受了重伤，失去了一只眼睛和几根手指。杜隆于 1838 年逝世。他的搭档阿列克西・泰雷兹・珀蒂于 1791 出生于沃苏勒，曾任波拿巴的物理教授，直至 1820 年去世。

诺依曼将杜隆－珀蒂定律延伸到化合物的尝试性研究仅取得了部分成功。据我们所知，诺依曼也未得出有关液体比热的重要研究结果。几乎在公布杜隆－珀蒂定律的同时，米希尔里希也发现了一个现象：相似的化学结构往往伴随着相同的晶型。早在 17 世纪中叶，波义耳认为晶体形态与晶体内部结构有关。罗美・德・利尔和阿羽依说过，许多不同物质的晶型相同。研究人员观察到明矾晶体在硫酸铝铵溶液中体积变大，形状不变；同样，硫酸铝铵晶体在明矾溶液中也可以保持形状不变，体积变大。沃拉斯顿发明的反射测角仪极大地推进了对此类现象的研究。米希尔里希证明磷酸盐和砷酸盐具有相同的晶型，即磷酸盐和砷酸盐为同晶型体。人们观察到硫酸盐与硒酸盐、镁氧化物与铝氧化物之间具有相似的结构。贝采里乌斯认识到了同构关系在确定元素族类、盐的构成方面的价值，他把学生米希尔里希发现的同构称为“确立化学元素比例学说以来最宝贵的发现”。贝采里乌斯认为通过测量化合物同晶置换产生的质量变化可以测定原子量。他将这种办法视为测定原子量的方法。其他研究者效仿贝采里乌斯的做法来测定原子量。类质同晶仍被认为是确定元素所属族类的一个重要考量因素。

爱尔哈德・米希尔里希，一位牧师的儿子，1794 年出生于奥尔登堡耶弗尔附近的纽恩德。在海德堡完成语言文学的学习后，他去了巴黎。之后，他又去了哥廷根从事自然科学研究。1818 年，米希尔里希回到柏林，开始研究砷酸盐和磷酸盐，米希尔里希是发现砷酸盐和磷酸盐晶体形态相似性的第一人。米希尔里希的朋友，矿物学家古斯塔夫・罗斯（Gustav Rose）为米希尔里希提供了有关结晶学研究方法的指导以确保米希尔里希能够证实他的发现，并通过测角测量进行验证。1821 年，米希尔里希在斯德哥尔摩加入了贝采里乌斯的研究。在此期间，他对晶型和化学构成之间的关联进行了研究。米希尔里希正是根据贝采里乌斯的意见采用“同形体”一词来表达这种关联。同年，他接替了克拉普罗特在柏林的职位，并于 1863 年去世。

米希尔里希还研究了锰酸盐和高锰酸盐、硒酸、苯及其衍生物，以及人造矿物。

自 1660 年始，波义耳对气体压力定律的发现推动了对气体物理现象的研究，并对我们认识气体本质做出了贡献。后来马略特对这一研究成果进行了补充（1676 年）。查尔斯、道尔顿和盖·卢萨克单独证明了气体热膨胀率相同。

希腊人推测，气体是由运动的粒子组成的；但是，托马斯·格雷姆于 1831 年首次给出了该观点的实验证据。格雷姆发现气体的扩散速度与其密度的平方根成反比。普利斯特利、德贝莱纳和索绪尔此前有过类似发现。这种粒子交换是气体的固有特性，密度不等对于扩散无关紧要。通过连接两个容器（其中一个含氮气，另一个具有相同密度的碳氧化物），格雷姆证明了这一观点。一段时间后，他发现两种气体通过容器均匀地扩散开来。

截至 19 世纪中叶，我们已经积累了关于决定物质不同聚合状态（气态、固态、液态）条件的大量资料。同一物质在气态、液态和固态这三种状态下都能存在。特别是水这种物质是尤为明显的。即便是最原始的人类也一定知道蒸汽、露水、雨、雪、冰雹和冰是同一种物质的不同形态。随着知识的增加，人们开始了解到在各种物理状态下有属性类似于水的其他物质。假设上述属性是一种普遍属性，那么人们迟早会发现所有的物质有不同的聚合状态。

19 世纪的前 25 年间，人们尝试证明当时已知的气态物质只是比较难液化蒸汽。蒙热和克洛埃特凝结了二氧化硫。诺斯摩尔在 1805 年发现了液化氯。但这些研究并未受到重视，直到 1823 年法拉第独立实现了氯的液化，戴维对盐酸进行了液化。法拉第随后对二氧化硫、硫化氢、二氧化碳、优氯、氧化亚氮、氰和氨进行了液化。

其他值得一提的实验者是蒂洛勒尔和纳特勒。他们极大地改进了液化上述气体的机械装置；获得大量的液体碳酸和氧化亚氮用于制冷。不过他们对于氢气、氧气、氮气、一氧化二氮、一氧化碳等气体液化尝试均未能成功，因此，当时人们将气态物质分为永久性和非永久性（取决于其是否能够液化）。即便在进行上述划分的时候，人们也认为这是不合理的。我们无法推断为什么二氧化碳和一氧化二氮是可以液化的，而一氧化碳和一氧化氮难以液化。直到近半个世纪后，人们才发现气体液化所需的条件，正如后文阐述一样，人们否定了当时将气体随意分为永久性和非永久性气体的做法。

盖·卢萨克发现的有关气体化合的定律，以及安培和阿伏伽德罗对气体或蒸汽的密度与其原子量之间关系的认识促使化学家（特别是法国法学家）对测定气体的精确质量的方法做出改进。盖·卢萨克和杜马都设计了测定蒸汽密度的方法，虽然直到 20 世纪末人们才开始使用该方法。尽管该方法现在已经被更方便、更迅速的改进方法所取代，但该方法为我们提供了有关物质分子量和气体离解现象的宝贵资料。

在 19 世纪的第一个十年里，道尔顿和亨利发现了一个简单的定律，该定律在气体不与溶剂发生化学反应的前提下将压力和气体在任何溶剂中的溶解度关联。道尔顿进一步研究了溶剂对气体混合物吸收的问题。

尽管施罗德、柯普和其他化学家曾试图发现液体和固体密度与其化学性质之间的关联；但由于很难找到有效的环境加以比较，这种尝试只取得了部分成功。柯普通过比较液体温度在沸点时液体的质量，成功地发现了液体比容的一些规律。柯普还证明了相关物质沸点的规律，其沸腾的温度和化合物的化学属性有关。

本卷的简要总结足以证明从以科学精神探索化学之时起，人们就或多或少地尝试发现物质的物理属性与其化学性质之间的关联。但是，只有在最近的一段时间里，相关的研究才使人们对物理化学知识有了极大了解。实际上物理化学是我们这个时代的产物。物理化学的系统研究可以说是从 1875 年才开始的，不过从那时起它取得了瞩目的进步。在本书下卷将论述物理化学显著的特点。

参考文献

格奥尔格·阿格里阿拉，《矿冶全书》。

格奥尔格·阿格里阿拉，《博格沃雷克概述之十二》（书中含精美图片等），爱丁堡。

托马斯·波多斯，《舍勒化学论文集》，莫里出版社，伦敦，1786年。

马塞兰·贝特洛，《远古时代、中世纪化学》，施泰因海尔出版社，巴黎，1889年。

马塞兰·贝特洛，《化学革命》，费科克斯·阿尔民出版社，巴黎，1890年。

克劳德·路易斯·贝托莱，《化学静态试验》，费尔明·迪多出版社，巴黎，1803年。

托马斯·伯奇，《波义耳生平》，米勒出版社，伦敦，1744年。

赫尔曼·博尔哈夫，《新的化学方法》，萧和钱伯斯出版社，伦敦，1727年。

理查德·博尔顿，《波义耳研究作品代表》，菲利普斯和泰勒出版社，伦敦，1699年。

沃伯顿，《博尔哈夫生平》，林托特出版社，伦敦，1746年。

约翰·道尔顿，《化学哲学新体系》（两卷），比克斯塔夫出版社，伦敦，1807—1810年。

约翰·戴维，《汉弗莱·戴维爵士生平》，朗文出版社，伦敦，1836 年。

弗莱·戴维，《作品集》，约翰·戴维编辑，史密斯与埃尔德出版公司，伦敦，1839 年。

路易斯·菲吉尔，《炼金术和炼金术士》，维克多·莱肯，巴黎，1855 年。

盖·卢萨克、泰纳尔，《物理化学研究》，德泰维尔出版社，巴黎，1811 年。

泰·格丁，《化学史：第二版》，格鲁诺，莱比锡，1869 年。

爱德华·格里莫克斯，《拉瓦锡，1743—1794》，费科克斯·阿尔民出版社，巴黎，1888 年。

威廉·查尔斯·亨利，《道尔顿生平》，卡文迪许出版社，伦敦，1854 年。

费迪南德·霍弗，《化学史》（两卷，第二版），菲尔明·多弗雷尔出版社，巴黎，1866 年。

本斯·琼斯，《法拉第生平、通函》，朗文出版社，伦敦，1870 年。

赫尔曼·柯普，《化学史》（四卷），布伦瑞克出版社，1843—1847 年。

赫尔曼·柯普，《新、旧时代炼金术》，海德堡出版社，1886 年。

阿尔伯特·拉登堡，《拉瓦锡时代后化学史》，伦纳德·多宾翻译，埃尔布雷克社团，爱丁堡，1900 年。

《拉瓦锡全集》，杜马斯编辑（四卷），巴黎，1864 年。

尼古拉斯·莱梅里，《化学分类》，巴黎，1675 年。

恩斯特维·迈耶，《化学史》，乔治·梅·高恩翻译，麦克米利安出版公司，伦敦，1891 年。

A.E. 诺登斯基，《卡尔·威廉·舍勒》，诺斯利德－舍纳出版社，斯德哥尔摩。

奥斯特瓦尔，《经典分类学科》。

巴黎，约翰·艾顿，《汉弗莱·戴维爵士生平》，科尔伯恩－宾利出版社，伦敦，1831 年。

约瑟夫·普里斯特利，《对不同种类空气的实验研究》（六卷），J. 约翰逊出版社，1775 年。

H.E. 罗斯科、A. 哈登，《道尔顿原子理论起源新观点》，麦克米伦出版公司，伦敦。

施米德尔，《炼金术历史》，哈雷，1832 年。

E. 舒伯特、K. 苏多夫，《帕拉塞尔苏斯研究》。法兰克福，1887—1889 年。

彼得·肖，《斯塔尔化学》，奥斯本、朗曼出版社，伦敦。

乔治·欧内斯特·斯塔尔，《化学原理》，1720 年。

乔治·欧内斯特·斯塔尔，《化学基本原理》，1697 年。

艾伯特·斯坦奇，《化学时期》，奥特·维干德，莱比锡，1908 年。

托马斯·汤姆森。化学史（两卷），科尔伯恩－宾利出版社，伦敦，1830 年。

爱德华·索普，《历史化学论文》（第二版），麦克米利安出版公司，伦敦，1902 年。

爱德华·索普，《汉弗莱·戴维，诗人和哲学家》，卡塞尔出版社，伦敦，1895 年。

爱德华·索普，《约瑟夫·普里斯特利》，登特出版公司，伦敦，1906 年。

乔治·威尔逊，《卡文迪许生平》，卡文迪许出版协会，伦敦，1851 年。

化学简史

下卷

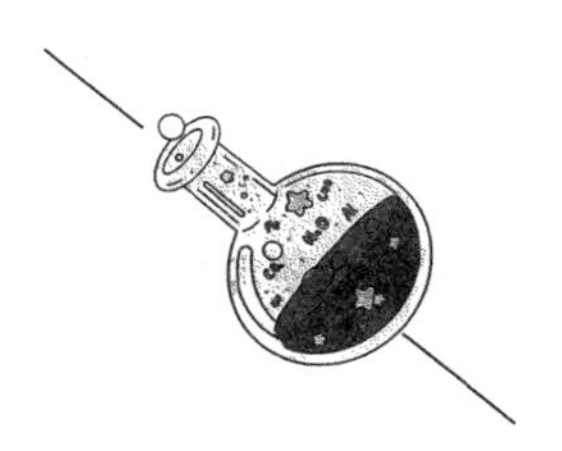

第一章 19 世纪中叶的化学

现代化学的若干创始人：李比希、维勒、杜马——1850 年后有机化学的迅速扩展：洛朗、日拉尔和霍夫曼——有机化学理论的发展——19 世纪中叶的其他代表人物：格雷姆、威廉姆逊、本生——现代化学与原子理论的关系

在前一卷中，我们试图对从混沌远古至 1850 年的化学发展进行概述。自 1850 年后，化学以其历史上任何时期都前所未有的速度发展。发现的无机物和有机物的数量和种类均大幅度递增，而且无机物和有机物的性质和相互关系的研究极大地增加了我们了解物质内部结构和构成的手段。这一非凡发展让科学超越了特定研究领域的限制，并影响了自然科学的各个方面。与此同时，化学为人类社会带来了繁荣。

爱德华·特纳写道，戴维的逝去意味着化学领域灿烂的探索宣告终结。尽管从事化学研究的人数稳步递增，但英国化学文献的产出实际上在一定期限内有所减少；在 1830 年至 1850 年间，几乎没有什么重要的无机化学发现。特纳认为，此时到了化学家们审视其自身知识储备和基本理论的时候了。化学研究的重点与其说是寻找新化合物或新元素，不如说是重新审视那些已经发现的化合物或元素。原子理论的基础被牢牢地奠定下来，这让研究者们可以更精确地确定化合物元素比例。除了格雷姆之外，研究者们更多着眼于在原有框架下缝缝补补，而不是尝试新的进展。在19世纪30年代，化学家努力提出新的理论方法，但只有贝采里乌斯体系逐渐得到普遍接受。在英国大学里，没有具有实践教育属性的化学专业。在格拉斯哥，汤姆森偶尔允许学生在其指导下进行研究，但从未尝试过系统的指导。1837年，格雷姆负责伦敦大学的化学教学，他第一次对应用化学提供助力。1841年，他协助创建伦敦化学学会。四年后，英国皇家化学学院（Royal College of Chemistry）由奥古斯特·威廉·霍夫曼（August Wilhelm Hofmann）建立，霍夫曼是化学家李比希最优秀的学生之一。在霍夫曼的推动下，应用化学的研究取得了突飞猛进的进展，在探索方面接二连三地成功实现突破。霍夫曼在英国声名鹊起得益于他的老师李比希的部分鼓舞和力量。

霍夫曼的学生和同事包括沃伦·德拉鲁、阿贝尔、尼科尔森、曼斯菲尔德、梅德洛克、克鲁克斯、丘奇、格里斯、马蒂乌斯、赛尔、迪韦尔和珀金。在格里斯的带领下，霍夫曼开始研究煤焦油中的有机碱。为此，霍夫曼以不懈的精神继续耕耘着这片领域。他与马斯普拉特共同发现了对甲苯胺和硝酸苯胺；与卡霍尔斯共同发现了烯丙醇。他的学生曼斯菲尔德提出了从煤焦油中提取苯和甲苯的技术方法，从而使煤焦油染料产业成为可能。珀金（当时是英国皇家化学学院的一名助手）在1856年通过氧化苯胺合成奎宁。该物质当时被命名为苯胺紫，这是第一个煤焦油着色剂。1859年，韦尔金发现了品红。1860年，霍夫曼的一个名叫梅德洛克的学生于1860年发明了一种当时独一无二的工艺。霍夫曼研究了由此得到的产物，并证明该产物是一种玫瑰苯胺碱的衍生物；霍夫曼还证明，只有在苯胺和甲苯胺类同时存在的情况下才能产生着色物质。霍夫曼还证明了这种被称为苯胺蓝的染料碱基为三苯基蔷薇苯胺。经过相应的研究，霍夫曼获得了紫罗兰色染料物质，这种物质以其姓名命名。最后，霍夫曼在皇家化学学院完成了他所有关于胺、铵化合物和类似磷衍生物的经典著作。

在李比希于1826年建立吉森实验室之前，德国的化学发展状况并不比我们好。吉森学派创立后发起了一场运动；该运动最终让德国在化学界独占鳌头。每一个文明国度的学生都是在吉森学派的领导下开展研究的。这些学生弘扬了李比希榜样的影响力、天才的灵感和激情的爆发力。

◎李比希

尤斯图斯·冯·李比希于 1803 年 5 月 12 日出生于达姆施塔特。他在埃朗根（Erlangen）大学毕业后，在埃朗根从事雷酸盐的研究工作。随后，他回到了巴黎，进入盖·卢萨克的实验室，并与卢萨克一起进行研究。回到德国后，李比希于 1826 年被任命为吉森大学的化学教授，并开始在有机化学领域做出了卓越的科学贡献。李比希研究了氰酸盐、氰化物、亚铁氰化物、硫氰酸脂及其衍生物。李比希与维勒一同发现了苯甲酸类化合物基团，创立了基团理论。他还与维勒一起研究了尿酸及其衍生物。李比希发现了马尿酸、富西撒酸、氯醛、氯仿、醛、硫醛、苯，并阐明了有机酸和酰胺的结构。李比希极大地改进了有机化学分析方法，从而能够确定一些成分尚不完全清楚的碳化合物的化学式。李比希奠定了现代农业的化学基础，建立了一个重要的技术分支——化学肥料生产。他研究生理化学，特别是脂肪、血液、胆汁和肉汁的性质的研究。李比希还研究了发酵过程和生物组织腐败过程。他完成的著作众多。皇家学会的科学论文目录列举的李比希的论文不少于317篇。李比希是《化学纪事》（*Annalen der Chemie*）期刊的创刊人，该期刊现在与李比希的名字连在一起了；李比希出版了一本《纯化学、应用化学百科全书》和一本《有机化学手册》。他的著作《了解化学书函》被翻译成了各种现代语言，对推动大众对科学价值和效用的了解产生了巨大的影响。1852年，李比希离开吉森，成为慕尼黑大学化学教授兼科学院院长，并于1874年4月18日在慕尼黑逝世。

与李比希有着不解之缘的是维勒。虽然这两位研究者的大部分著作并不是联名发表的，但他们共同完成的研究对化学理论的发展产生了深远影响。

弗里德里希·维勒于1800年7月31日出生在法兰克福附近的埃舍斯海姆。维勒在马尔堡学习时发现了碘化氰（由戴维单独发现），并对硫氰酸汞进行了研究。之后，他去了海德堡，在格梅林的指导下研究了氰酸及其衍生物。1823年，他在斯德哥尔摩与贝泽利乌斯共事，并制备了一些新的钨化合物，进行矿物分析。1825年，维勒成为柏林商学院的化学老师。他在该学院里首次成功制备了金属铝，并使用无机材料成功合成了尿素。他和李比希一起研究了苯丙酸、氰酸和三聚氰酸。1832年，任职于卡塞尔理工学院的维勒随即展开了对苦杏仁油的伟大研究。1836年，维勒被任命为哥廷根大学化学教授，与李比希一起研究了尿酸及其衍生物的构成——这是这对朋友共同进行的最后一次伟大研究。维勒后来主要致力于无机化学研究，分离出晶体硼，制备出硼的氮化物，发现了自燃的硅烷、氮化钛，并分析了大量矿物、陨石和稀有金属化合物。维勒使哥廷根大学以化学闻名于世。在维勒与该大学建立关系的20年间，据说8000多名学生听过他的讲座或在他的实验室工作过。维勒于1882年9月23日去世。

在法国，杜马同样发挥了巨大影响力，只有李比希才能与之一较高下。李比希的学生包括雷登巴赫、布罗梅斯、瓦伦特拉普、格雷戈里、普莱费尔、威廉姆逊、吉尔伯特、布罗迪、安德森、格拉德斯通、霍夫曼、威尔和弗雷森尤斯。杜马则对鲍莱、皮里亚、斯塔斯、梅尔森斯、伍尔茨和勒布朗做出了指导，这些人都为有机化学的迅速发展做出了基础性贡献。

◎让·巴蒂斯特·安德烈·杜马

让·巴蒂斯特·安德烈·杜马于1800年7月14日出生在加莱，并在那里成为一名药剂师的学徒。16岁时，杜马去了日内瓦，就职于勒罗耶的制药实验室。显然，他没有接受过任何系统的化学教育就开始了研究工作。他与宽德证实了碘对甲状腺肿的治疗价值；与普雷沃斯特尝试分离洋地黄的有效成分；并研究了鸡蛋中雏鸡发育过程中的化学变化。在24岁时，杜马去了巴黎，成为巴黎理工学院的化学辅导教师。杜马与奥杜因、布隆奈尔特一起创立了《自然科学年鉴》，并开始撰写伟大的著作《应用化学工艺》。其中第一卷于1828年面世。在此期间，杜马发明了测定蒸汽密度的方法，并公布了用该方法进行估算的一些成果。杜马与鲍莱对复合醚进行了研究，提出了一些有关醚的理论，该理论成为后来由李比希和维勒阐述的复合基团理论的基础。杜马发现了草酰胺和草酰胺酸乙酯的属性，分离出了甲醇，并建立了化学类型学说，也就是说有机物基团被相似基团取代，有机物的基本性质未变。杜马的氯的取代反应的研究最终推翻了贝采里乌斯的电化学理论，并因此提出类型论。这一理论被威廉姆逊、洛朗、日拉尔和奥德林接受，杜马对解释有机化合物基团分类做出了伟大的贡献。杜马涉足化学的各个领域，还发明了各种分析工艺，确定了水的构成和空气的组成，并修正了当时已知部分元素的原子量。杜马在法国的科学界和学术界都有巨大的影响力。他是一位令人尊敬的演说家，有着非凡的文学天赋。法兰西帝国建立后，杜马被任命为议员，并被选为巴黎市议会议员。后又于1859年成为该议会议长。杜马于1884年4月11日去世。

化学很大程度上因这些天才的影响才有了新的发展。在这些天才出生之前，有机化学根本算不上化学的一个分支：通常情况下，只有药剂师对有机物感兴趣，这主要是因为有机化学在技术或医学上的价值。但到了19世纪中叶，这块有待开垦的土地十分肥沃，许多从业者忙于在其中播种、收割。在过去的六十年里，化学史上最大的闪光点的确是有机化学的快速发展。20世纪初，与碳化合物相关的化学文献的体量超过了其他所有元素专著的总和。

19世纪中叶，化学家开始关注有机物研究结果的系统化整理，类似有机化学理论的东西逐渐成形。从这一时期起，我们可能会尝试表达物质的内部性质，构成和关系，这些尝试逐步形成了我们目前对分子结构和空间排列的表示形式。1850年，贝采里乌斯的二元概念对有机化学理论不再有影响。杜马对取代原理的阐述及其原子核理论及化学类型学说，不仅对推翻二元论产生了影响，而且动摇了李比希和维勒基团理论的地位。日拉尔和洛朗的学说已经传遍欧洲，影响了当时那些年轻的化学家，他们虽然放弃了二元论，但并不完全满足于相信复合基团理论。1850年，威廉姆逊发现了乙醚的真实属性以及其与酒精的关系，随后又制备了乙醚混合物。这不仅有助于解决醚化作用解释的矛盾，而且有助于修正类型理论与基团理论。最后，杜马表示醚的构成及其起源方式极大促进了化学类型学说在表达有机化合物性质和关系方面的应用。

除了威廉姆逊之外，化学在19世纪中叶的其他代表人物还有格雷姆和本生。以上三人是研究向迥然不同的研究者，他们的研究几乎没有什么共同点。但每个人都因其对化学基础研究的发现而闻名，这些发现共同作用，为化学发展带来了转折时刻。不论对化学学说的影响还是对应用化学的影响，都具有宝贵的价值。

◎托马斯·格雷姆

托马斯·格雷姆，1805 年 12 月 21 日出生于格拉斯哥，在格拉斯哥大学托马斯·汤姆森的指导下进行研究后，出席了在爱丁堡的霍普和莱斯利的演讲。1830 年，格雷姆接替乌雷成为格拉斯哥安德森学院的化学教师。1837 年，格雷姆接替爱德华·特纳，被任命为新成立的伦敦大学的化学系主任。1854 年，格雷姆成为造币厂的负责人，并于 1869 年 9 月 16 日在伦敦去世。

格雷姆主攻现在被称为物理化学的科学领域。格雷姆对纯化学的贡献在数量上很少。到目前为止，最重要的是他对偏磷酸的发现及其对磷酸改性物的比较。波义耳熟知正磷酸；克拉克发现了焦磷酸。格雷姆的卓越贡献在于其首先明确地指出了酸的固有性质，即通过取代羟基不断与带有羟基的化合物发生化合反应。这一性质对酸和盐的构成至关重要。

格雷姆主要因其对气体扩散定律的发现、对液体扩散的研究、对氢压缩形式（格雷姆称之为氢）而为世人认识。实际上，格雷姆研究的主要方面涉及分子迁移率理论的问题。我们要感谢他，尤其是其对晶体、胶体、透析、分气、闭塞等术语的贡献，所有这些术语在科学术语中具有永恒的地位。

◎亚历山大·威廉·威廉姆逊

亚历山大·威廉·威廉姆逊于1824年5月1日出生于伦敦旺兹沃思，父亲是苏格兰人，也是东印度大厦詹姆斯·米尔（约翰·斯图尔特·米尔的父亲）的职员，在1826年积极投身于伦敦大学（后来被称为伦敦大学学院）的建立工作。1840年，年轻的威廉姆逊，怀揣着学习医学的梦想进入海德堡大学；不过，在利奥波·格梅林的影响下，威廉姆逊转向研究化学。1844年，威廉姆逊去了吉森大学，在李比希手下工作，在化学方面做出自己的第一个贡献：即氧化物分解和氯盐、臭氧及蓝色铁氰化合物的研究。1846年，威廉姆逊在吉森大学毕业后，来到巴黎。在孔德的影响下，他与孔德一起学习数学。1850年，经格雷姆的提议，威廉姆逊被任命为因福恩斯去世而空缺的法国大学学院应用化学教授。威廉姆逊立即着手进行相关的研究，而这些研究则成为威廉姆逊对科学的主要贡献。在进行酒精与脂族醇相似性比较过程中，威廉姆逊成功地证明了乙醚的真实属性及其与酒精的关系，并解释了醚化作用。威廉姆逊在回忆录中阐述的现象对化学理论的发展产生了直接的影响。威廉姆逊对醚化工艺的解释让化学家清楚了化学反应的本质。威廉姆逊不仅将分子运动的概念引入诸如对醚生成的复分解反应做出了解释；还对一般化学反应现象做出了解释。在相关论文中以及在1851年出版的一篇关于盐构成的论文中，威廉姆逊尝试系统描述有机和无机氧化物质的构成和关

系——在水的化学类型

$$\begin{matrix}H \\ & O, \\ H\end{matrix}$$

的基础上构建有机氧化物和无机氧化物，其中氢原子全部或部分由其他化学等价的原子取代。这一思想立即被日拉尔采纳，并由奥德林和凯库勒进一步阐述，最终发展成为一种化学理论。

威廉姆逊继续领导伦敦大学学院的实验室，直到1887年他退休到乡下。他于1904年5月6日于海地雷德逝世。

罗伯特·威廉·本生在1811年3月31日出生于哥廷根，在施特罗迈尔（镉的发现者）的指导下学习化学，后来到巴黎，与盖·卢萨克共事。1836年，本生接替维勒成为卡塞尔理工学院的化学老师。1842年，他成为马尔堡大学的化学教授。1852年，本生被调到海德堡大学，并在那里担任化学教授，直到1889年退休。1899年8月16日，他在海德堡去世。

◎本生、基尔霍夫和罗斯科

本生本人最初因其对卡可基化合物的经典研究而脱颖而出；这是对所谓“科特冒烟液”的性质进行研究的结果。该液体是一种恶臭、剧毒、易燃的液体，由碱性醋酸盐和亚砷酸混合后加热而成。这项研究备受关注，不仅因为高超的技巧以应对难度极高、危险系数极高的操作，更在于研究结果的重要性及其对当代化学理论的影响。在贝采里乌斯看来，该研究是复合基团理论的基础。卡可基（cacodyl or kakodyl）的名称是由贝采里乌斯提出的，名字体现了二甲基砷化物的令人作呕的气味，后来由科尔贝命名为 $As(CH_3)_2$。

本生极大地改进了气体计量分析的方法；他与普莱费尔将这些方法应用于检验炼铁过程中的高炉气体产物，从而证明了将这些未使用的气体逸出到空气中会造成的巨大能量浪费，尽管这是当时的普遍做法。这一研究引起了一场炼钢革命，事实上，这场革命与热空气流的引入同样重要。

本生发明了测定气体在液体中的溶解度、确定气体比重、气体扩散速率、气体结合或燃烧的方法。1841 年，本生发明了碳锌电池，并将其应用于金属（特别是镁）的电解生产，首次准确地描述了镁的特性。1844 年，本生发明了油斑光度计。该光度计是一种长期、普遍用于确定照明气体光度值的仪器。本生确定固体和液体比热的方法，该方法简单、巧妙、准确。1855 年至 1863 年间，本生与罗斯科一起对光的化学作用进行了一系列研究。1859 年，本生与基尔霍夫首次提出了光谱分析方法，并解释了太阳光谱中夫琅和费谱线的来源和意义，从而奠定了恒星化学的基础。分光镜在分析化学中的应用使本生发现了铯和铷。

本生致力于研究地质化学问题，并对火山产物进行了一系列长期的分析。1857 年，本生与希施科夫一同检测了火药成分。本生对分析化学方法进行了诸多改进；设计了容量分析碘滴定法，并将水的分析过程系统化。最后，本生发明了煤气灯，一提起煤气灯，人们就会想起他的名字。该装置对实用化学有着不可估量的作用。本生不是理论家，他对纯粹的推测性问题毫无兴趣。同时，他还是一位伟大的教师，正是因为他，海德堡化学学院的知名度丝毫不逊色于吉森大学和哥廷根大学。

在过去 60 年间已经累计有关于化学发展的资料过于浩瀚，所以不可能在本书的篇幅内详细地对相关资料进行研究。诚然，亦无须对这种性质的历史进程进行详细研究。那些想要获得关于构成现代化学上层建筑真相来龙去脉资料的人们必须查阅百科全书或其他论著，其中部分专著涉及化学发展的某些细节，要想解决化学发展史的复杂问题，阅读这些书是极其必要的。我们在这里能做的就是尝试说明这60年来我们为揭开化学现象的奥秘及探求化学原理而不断努力的过程。所有这些研究最终都是为了解决物质构成问题这一根本问题。这些研究最重要的成就就是详细阐述、巩固了化学原子学说。这里所谓的化学原子学说并非指道尔顿的原子学说，而是原子凝集学说。该学说认为物质是可分割的，但原子是不可分割的，研究者认为修改道尔顿的最初概念破坏了其理论真正赖以存在的基础。没有必要作这样的假设。早在1863年，格雷姆就在一篇题为《关于物质构成思辨观点》的论文中，把道尔顿原子理论精确扩大到了最近实验研究真正需要的范围。1867年凯库勒用下述术语同样清楚地阐述了当时受其影响的化学家的立场：

从化学的角度来说，对于原子是否存在的质疑的意义微乎其微；对于原子的讨论属于形而上学。在化学中，我们只需要决定原子的假设是否是适用于解释化学现象。需要特别注意的是，我们必须考虑这样一个问题：进一步发展原子假说是否会提高我们对化学现象机制的认识。

从哲学的角度来看，我可以肯定地说：我不认同通过把原子这个词理解为物质中不可分割粒子的字面意义来证明其实际存在；我倒是希望有朝一日，我们会找到一个解释原子量、化合价以及原子许多所谓的其他属性的原子数学、力学理论。但作为一名化学家，我认为在化学中，原子的假设不仅是明智的而且绝对必要的。只要将这个将原子理解为指那些在化学反应过程中没有进一步分裂的物质粒子，我甚至会进一步阐明我相信化学原子存在。如果科学的进步导致了化学原子构成理论的诞生，那么对于物质的一般理论来说，此类的理论或许很重要，但其只会对化学本身产生微小的改变。化学原子永远是化学单位，出于特殊的化学考虑，我们可以一直从原子的构成出发，根据由此得到的简化表达式——即原子假说，以帮助我们自己。事实上，我们可以采纳杜马和法拉第的观点，即无论物质是不是原子的，但有一点是肯定的：如果赋予原子的原子性，它就会以现在的状态存在。[①]

因此，接下来的大部分内容将阐述过去五六十年在理论方面取得的若干重大进步。其中许多理论的进步有助于加强原子理论的这一扩展学说；此外，对将其确立为二十世纪科学信仰要素地位具有至关重要的作用。

① 《化学成分研究》，艾达·弗伦德著（剑桥大学出版社），1904 年。

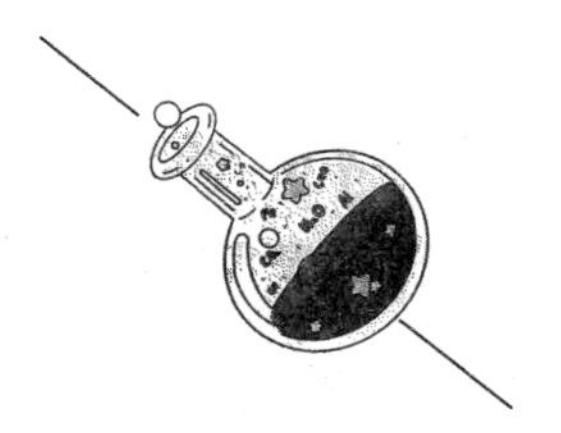

第二章
1850年后发现的化学元素

元素的命名和分类——数值关系——发现方式——分光镜——铯、铷、铊、铟、镓、钪、锗——稀土元素——稀有元素的工业应用

截至1850年，根据波义耳首次采用有关化学元素这个术语的概念，已发现的化学元素达到62种。截至1910年，确定的化学元素数量为82个。在1850年，与现在一样，大致将这些元素分为金属和非金属两类，尽管当时和现在差不多，人们认为这两大类之间没有非常清晰的界限可遵循。60年前，通常被称为非金属的元素有13种；今天，这个数字增加到了19，原因在于增加了砷和发现了所谓的惰性元素氦、氩、氪、氖和氙。1850年，有47种元素被明确归类为金属元素；而在1910年这一数字是63。

在化学作为一门科学的全部历史时期，总的趋势是尽可能按照当时的理论概念命名物质。因此，同一种物质的命名在不同历史时期是大相径庭的。但我们通常不根据理论概念命名元素。诚然，氧的名字源于一个错误的概念；从词源上讲，该名称意味着“错误”。氢和氧一样，也称不上为水的来源。氯一词的发明者戴维认为化学元素的命名无论是根据其物理性质还是根据起源均应体现出其特征。虽然这一原则基本上得以采纳（特别是在后来的数年内），但诸多元素的命名十分武断。这一点在很大程度上是因为这些元素的名字通常不会变，它们的命名与理论无关，而化合物的名字却经常改变，因为化合物的命名更多地对该化合物的推测有关，对化合物的名字会经常改变以符合当时主导的假设。与此同时，并不能明确某些元素的词源。例如，“antimony（锑）”曾被广泛认为是源自“antimoine”，“antimoine”一词的产生是基于中世纪传教士的经验。这一说法现已被证明毫无根据。事实上，“antimony”一词源自阿拉伯语“alhmoud”。“alhmoud”先被翻译成拉丁文“althimodium”，后变为“antimonium”。

到了19世纪中叶，贝采里乌斯提出的化学符号体系被广泛使用；而且，在很大程度上去除了其二元关联后，该体系仍然是表示物质的组成、类比和数值关系的最通用的便捷方法。在18个世纪中叶，理论化学家们虽然几乎异口同声地赞同确定化合比例的学说，但他们对于道尔顿对化学化合实验规律的解释是否充分，却毫无共识；道尔顿理论中的原子假说并没有得到普遍接受，对某些人来说，道尔顿假定的化合比例与原子量相同的原子理论并不能解释化合定律。该理论最多只是物质可能存在的各种分子环境理论中的一种。因此，一些化学家习惯于区分化学原子和物理原子。化学原子与道尔顿理论的原子是相同的，但其与德谟克利特及留基伯的物理原子不一样。事实上，1850年的观点与实验研究得出的观点并非迥然不同。不得不说对于有效实验证据存在相应的质疑；这些怀疑并非产生于对不完全确定事实的错误解释，而是盖·卢萨克定律与伏加德罗和安培的假设并不一致。在明确理解相关现象，调和矛盾后，我们就很少听到化学原子和物理原子之间所谓的区别。只是在相当近的一段时间内，由于出现了全新的研究方法，这种区别才得以重现。

19世纪初，贝采里乌斯尝试根据化学元素之间的电化学关系来对其进行分类，汤姆森则将化学元素分为“助燃剂”和“非助燃剂”。人们很快发现汤姆森的体系缺乏理论基础，该体系不久便被抛弃。在发现同构现象之后，格雷姆根据单质的性质尝试将其进行排列。到了1850年，其分组的各种元素也跟现在的元素排列极为相似。

人们出于化合价方面的考虑对这一分类方案有所修改，偶尔也会通过类比相关更准确信息，对化合价进行修正。比如罗斯科起初错误地认为钒是氮基，这需要修正。实际上，该方案被普遍使用了二十五年，直到门捷列夫根据周期表排列的元素被逐渐采用，该方案才被取代。格雷姆根据元素化学性质的分类无疑为纽兰兹和门捷列夫设计合理的化学元素分类体系铺平了道路。

杜马、佩滕科弗、奥德林、格拉德斯通等人指出的同族元素的当量和原子量的数值关系引起了诸多猜想。当然，当量差值与原子量差值有所不同；但需要明确的是，无论采用何种比较方式，我们却都可以发现明显的数值关系。有人指出就卤素族而言，各元素之间的联系如下：

氟	氯	溴	碘
19	35.5	80	127
a	a+d	a+2d+d′	2a+2d+2d′

其中，a=19；d= 16.5；d′ =28。

在氮族元素中：

氮	磷	砷	锑	铋
14	31	75	119	207
a	a+d	a+d+d′	a+d+2d′	a+d+4d′

其中，a=14；d= 17；d′ =44。

根据这类数值关系，我们曾推测，通过向原子中添加某种物质，同族元素种类得以增加，正如同源有机物，通过添加 CH_2 来增加同源有机物种类一样。这与19 世纪关于元素分解的假设有相似之处，但也有所不同。杜马认为，任何一个特定族中的元素都可由特定形式物质的持续积聚形成；卢瑟福和索迪认为，这些元素是通过连续清除不稳定的物质而得到的。

自 1850 年至 1901 年，我们已发现了至少 22 种新元素。当然，可能已公布的数字远超22；具体数字有待进一步研究。22个原子的名称、符号和原子量按字母顺序排列如下：

氩	A	39.9
铯	Cs	132.8
镝	Dy	162.5
铕	Eu	152.0
钆	Gd	157.3
镓	Ga	69.9
锗	Ge	72.5
氦	He	4.0
铟	In	114.8
氪	Kr	83.0
镥	Lu	174.0
钕	Nd	144.3
氖	Ne	20.0
镨	Pr	140.6
镭	Ra	226.4
铷	Rb	85.4
钐	Sa	150.4
钪	Sc	44.1
铊	Tl	204.0
铥	Tm	168.5
氙	Xe	130.7
镱	Yb	172.0

在某种程度上，新元素的发现得益于对已经使用的分析过程进行改进，特别是采用了新的分析方法；以及最终采用一种基于元素相互关系分析的推测方法，这种方法不仅预测了新元素的存在，而且指出了其被发现时的状态[①]。

① 本文未列举因铀、镭、钍衰变产生的物质（即所谓的放射性元素，如氡、锕、钋）及其产生的各种放射物，但在第三章对上述放射物进行了阐述。

尽管早在1771年，就有研究人员推测氟元素的存在。当时舍勒首次发现：硫酸作用于萤石的产物中含有一种当时未知的物质，这种物质后来发现是氟。直到1886年，莫瓦桑才通过电解氟化氢和氟化钾混合溶液完全分离出了这种物质。布劳纳观察到四氟化铈（CeF_4）和四氟化铅（PbF_4）在加热时会产生一种气味类似于次氯酸的气体，可能是游离氟。将某些萤石的紫罗兰色的同素异形体制成粉末时会散发出一种异味，这种异味是由游离氟所致。

戈尔注意到无水氟化氢不能导电——这一现象被莫瓦桑证实。然而，莫瓦桑发现，当向液体中加入氟化钾时，电解氟化钾很容易，释放出的游离氟是一种带有类似次氯酸的淡绿色、刺鼻的黄色气体。氟的蒸汽密度与根据其原子量的推测密度相符。通过低温和增加压力可对该物质进行液化，温度再低些可将该物质凝固成白色固体。氟具有超常的化学活性，即使在常温下也能与大量物质化合。硫、磷、砷、锑、硼、碘和硅与之接触便会燃烧。氟与氢结合，即使在黑暗、极低温度下也会发生爆炸。氟还可以与金属化合，偶尔产生白炽色的光，并能分解水，释放出氧气。

本生将光谱仪应用于化学分析，这直接帮助他在1860年发现铯，并于1861年发现铷。本生首先在巴拉丁领地中的涂尔干矿泉水和矿物透锂长石中发现铯。铯在光谱中形成了两条蓝色的线。铯的名称“caesium”来源于拉丁语“cæsius”，表示晴朗天空中的蓝色。铷是在锂云母中被发现出来的；本生通过分析光谱发现了铷（rubidium），其中两条在可见红色部分的最外层区域尤为明显，由此该元素得名于拉丁语“rubidus”，用来表示最暗的红色。人们发现该金属与钾最为相似，该金属通常与钾在自然界中相伴相生。铷存在于诸多锂云母、白榴石、锂辉石、磷酸锂铁矿、云母和正长石以及斯他士菲尔特光卤石（Stassfurt carnalite）、海水和各种矿泉水中。铷也存在于许多植物（如甜菜根、烟草、茶、咖啡等）的灰烬中。很难确定铷是否是植物养分的普通成分，人们尝试利用铷取代钾肥，但未能取得成功。只有通过光谱分析，这些元素才能被人们所知晓。即便如此，普拉特纳在1846年对矿物铯榴石进行分析的过程中，漏掉了一种元素——铯。在分析过程中，铯的含量达到了其重量的三分之一。本生发现铯后，皮萨尼又对这种矿物进行了分析，普拉特纳误认为的钾碱实际上是铯。本生在许多矿泉水、各种矿物和植物的灰烬中都发现少量的铯。

1861年，威廉·克鲁克斯爵士发现存在一种叫铊的新元素。他在哈尔茨一家硫酸厂的含硒沉积物中发现铊。铊因在光谱仪上表现为一条明亮的绿线而特别；铊（thallium）的名字源自“θαλλός”，表示一条绿色的、正在萌芽的嫩枝。这一发现在第二年由拉米证实。铊的化学性质与碱金属有许多相似之处，铊的物理性质与铅最为相似。铊存在于多种黄铁矿中，也存在于少量其他矿物中，如硒铊铜银矿、红铊矿、闪锌矿和黄铜矿等，也存在于某些矿泉水中。

1863年，赖希和里希特通过光谱仪在弗赖堡的闪锌矿中发现了一种新元素。他们观察到该元素在光谱中产生两条靛蓝线，他们因此将该元素命名为铟“indium”。从那时起，人们在锌矿石、钨矿石及铁矿石中都发现了铟。铟是一种银白色、有延展性、可锻、熔点为174摄氏度的金属，其在加热下燃烧呈现紫罗兰色火焰。其化学性质与铝、锌相关。门捷列夫指出了铟在元素性质表中的确切位置。

1875年，勒科克·德·布瓦博德兰在比利牛斯山的皮埃尔菲特锌矿中发现了一种新元素，他用光谱分析法对该元素进行了研究。该元素盐的火花光谱具有两条与铟位置截然不同的特殊紫线。他将该元素起名为镓。该元素在其他的闪锌矿中发现的量很小，它是最稀有的化学元素之一。该元素是一种青白色、坚硬、稍微有可塑性的金属，在稍高于炎热夏天的温度下会熔化。门捷列夫1869年根据元素周期律，对镓的存在性、主要性质及所属族类进行了预测（见前注）。

同年，门捷列夫还预言了一种与硼同族的元素，暂时命名为准硼，并描述了该元素的主要性质。1879年尼尔森发现的航元素证实了门捷列夫的预言。钪与钇、镱等元素伴生，存在于许多瑞典矿物中，如黑稀金矿、硅铍钇矿、钇榍石等。该金属本身尚未被分离出来，但其化合物的性质与门捷列夫预测的相应准硼化合物极其相似。

在发现锗的过程中，人们进一步验证了门捷列夫提出的周期性原理在证明新元素存在方面的价值。1885 年，韦斯巴赫在弗莱堡发现了一种新的银矿物。他将该物质取名为硫银锗矿。经温克勒分析，发现其中含有约 7% 的新元素。其性质与门捷列夫预测的周期序列第四族缺失元素相同，该族元素成员有硅、锡和铅。他暂时称之为准硅。硫银锗矿实际上是银和锗的双重硫化物（$2Ag_2S.GeS_2$）①。锗是一种灰白色、有光泽的金属，熔点约为 900℃，化学性质类似于硅和锡。

镝、铕、钆、镥、钕、镨、钐、铥和镱（neoytterbium）与钪一样，属于所谓的稀土金属。人们在各类矿物中发现了这些元素的存在，其中许多矿物极其罕见。这些元素常常与钇、铈、钍及锆伴生。

1886 年，由勒科克・德・布瓦博德兰在所谓莫桑德尔镇土中首次发现了镝，在此之前克利夫（1880）宣布存在另外两种元素——铱和铥。我们有理由相信克利夫发现的铱与镝为同一物。1878 年，马里钠克在钆矿中发现了镱。1906 年，奥尔・冯・韦尔斯巴赫宣布马里钠克发现的镱是一种混合物，该物质在第二年由乌尔班证实，乌尔班将其分离为两种元素，他将它们分别命名为镱（neoytterbium）和镥（lutecium）。1901 年德马塞发现了铕。在硅铍钇矿、黑稀金矿、铌钇矿、磷钇矿、铈硅石、褐帘石等矿物中有少量铱、镱、镥、铕与氧化钇伴生。化学性质类似于氧化钇的相应化合物，可通过不同的光谱特性识别。1886 年，马里钠克和勒科克・德・布瓦博德兰在莫桑德尔的铽土中分别独立地检测到钆。

1841 年，莫桑德尔发现了一种新物质“didymium”。该物质最初被认为是种单质，后来发现它是钕镨混合物。该物质与镧的化学关系极为密切，该物质总是与镧伴生于许多矿物（尤其是铈硅石、褐帘石和独居石）中。因此，该物质得名

① 硫银锗矿化学式原书为 2Ag2S.GeS2，今常用为 Ag8GeS6。——译者注

“didymium”（源自希腊语，意为孪生）。1885 年，奥尔·冯·韦尔塞巴赫宣布钕和镨这两种元素可以通过双硝酸铵的系统分步结晶分离出来；他给这两元素命名为镨（πράσινος，韭菜绿）和钕（νέος，新的）。钕盐呈玫瑰色，而镨盐呈绿色，根据相关元素在吸收光谱和电花光谱上的差异凸显了其特征。在混合后，混合物产生的光谱呈显最初被认定为“didymium”的特征。

钐由勒科克·德·布瓦博德兰于 1879 年在铌钇矿中发现。钐盐呈黄色，溶液吸收特定光谱带。

许多稀土矿含有迄今尚未发现的元素；这一点并非不可能，而且现在假定为元素单质的物质可能是混合物。事实上，研究学者还不时公布其他新元素，如德拉方丹于 1878 年发现的 decipium（实为混合物）、克鲁克斯于 1899 年发现的 monium（实为混合物）。乌尔班称这些“元素”与钆一样，其性质还未研究清楚。克鲁斯和尼尔森于 1888 年称 didymium 本身要比奥尔·冯·韦尔塞巴赫所说的更复杂，didymium 含有至少 8 种元素。然而截至 1901 年，这一猜想未得到证实。

近年来，该族元素部分应用到气体照明罩的生产中，稀土化学研究获得极大发展。这些罩子主要成分为二氧化钍和 1% 的二氧化铈。因为市场对二氧化钍和二氧化铈的需求，大量的独居石、方钍石、钍石、铈硅石等矿物被开采出来了。大量的残余产物（主要为该族的其他元素）可用于研究。因此，人们有理由确信，在不久的将来，人们对无机化学的了解将被极大拓宽。事实上，我们已根据氧化钍在汽灯罩结构中的应用，将钍排除在稀有元素的范畴之外了。科学家不久就发现针的大量应用。

其他稀有元素也是一样的情况。现代化学最重要的发展之一是人们不断努力将所谓稀有元素转化为有用的元素；当人们发现相关的元素具有工艺价值时，人们很快就会发现稀有元素的广泛存在。研究者发现铈盐可用于玻璃和瓷器的着色，在染色、摄影和医学中可作为媒染剂。锆可用于白炽灯照明；铊可用于制造高折射率光学玻璃。钛、钼和钒可用于制造高强度钢。钼和钨可用于制作白炽灯灯丝。事实上，人们已经发现钽的大量存在，而钽的分布比之前所假设的更为广泛。钨和铝合金可用于制造汽车，钨、铝、铜合金可用于制造螺旋桨叶片。钨钢可用于装甲板，加固汽车弹簧；制造钢琴线，并增加磁铁的耐久性。人们发现即使是稀有铂族金属也具有许多重要的应用。锇、铱可用于制造罗盘的轴承、金笔尖和标准砝码。锇、钌是电灯灯丝的组成部分。光对硒导电性的特殊影响已用于电报和电话线的照片传输，并在临床工作中用于测量伦琴射线的光强度。

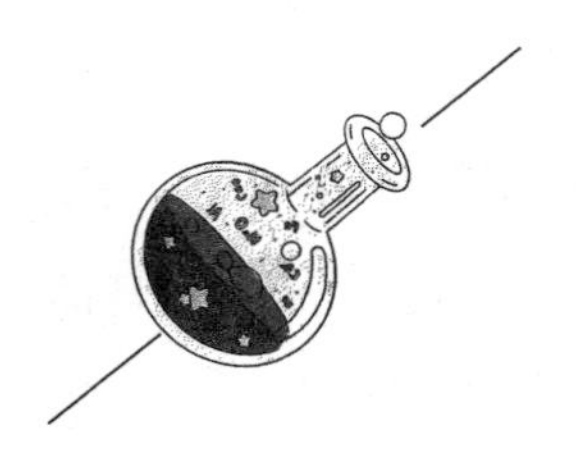

第三章 不活跃元素：镭和放射性

氩、氦、氪、氖、氙、镭——卢瑟福与索迪的解体理论——锕和钋——放射物

氩、氦、氪、氖和氙属于所谓的惰性元素；这些元素构成了大气中的稀有气体。它们的存在具有重要的理论价值，近年来的一些研究发现引起人们的兴趣和好奇心。20年前，人们普遍认为，我们已经确认了关于大气成分已有的全部资料。普里斯特利和卡文迪许已经认定空气主要由氧气和氮气组成，卡文迪许明确指出，这些气体的比例实际上是恒定的，与季节、气候或地域无关。泰纳尔、索绪尔和其他研究者已经确定了二氧化碳含量变化范围。本生和雷诺已经确定，氧和氮的数量会有轻微的变化，可以简易地由其设计的精确测气管工艺确定变化的程度。最后，这无疑证明了大气中的气体是简单的机械混合，且可以通过多种物理方法分离。事实上，在任何一门单一学科中，绝不能理所当然地假设理论已明确得出了最终结论。

1892年，瑞利勋爵在对常见气体密度进行一系列测定的过程中发现：从空气中获得的氮气密度略大于氨和硝酸分解制备的氮气密度，重量差大约是1/200——差值远大于可以通过称重误差解释的量。为了解释这一差异，人们提出了各种各样的假设；但经验证，这些假设并不能解释相关现象。通过用金属镁加热大气中的氮，其中大部分气体得以吸收、产生氮化物。威廉·拉姆塞爵士发现残余气体的密度远高于原有密度，可能是因为这些残余气体使大气氮的密度比源自氨产生的密度要高，正如瑞利勋爵通过其他方式亦得出这一结果。上述差异很可能是由于空气中存在一种密度远远大于氮气和氧气态物质。与卡文迪许已经采用的方法相似，瑞利勋爵将大气中的氮与氧混合，通电后通入苛性钠溶液；拉姆塞还发现残余气体的密度大大增加了。在1894年8月英国化学协会举办的牛津会议上，两位研究人员明确宣布这种差异实际上是因为大气中存在一种迄今未知的气体成分。这种气体成分比氮更不易溶于水，而且由于其化学惰性，因此被命名为氩（ἀργον，惰性）。通过拉姆塞勋爵发明的一种特殊装置将空气和氧气的混合物送入由功能强大、快速交流电产生的火焰中，便能从空气中分离出大量氩气。研究还发现，通过使用金属钙或镁与石灰的混合物吸收大气中的氮比单独使用镁吸所需的温度要低、速度更快。

在矿泉水中，特别是在巴斯、科特雷、维尔德巴特和哈罗盖特的矿泉水中都发现了氩的存在。在陨石，以及岩盐、水锆石、铀岩、硼镁石等矿物中均发现了氩。任何动植物体内均不含有该种物质。其在大气中的含量约为百分之一（按体积）。氩是一种无色气体，原子量为39.9，1公升氩在标准温度和压强下重1.7815克。用孔特和瓦尔堡的方法进行的实验，即用气体中的声速测定定压、定容比热的比值，可以证明氩和汞气一样均为单原子分子。该实验证明氩是一种元素，因为单原子化合物是一种自相矛盾的说法。实验数据的计算假定氩符合波义耳、道尔顿定律，实验证明确实可以通过冷却、加压将氩液化。氩液体在−186.1℃沸腾，在−187.9℃凝固。氩气的光谱极其复杂，谱线涉及红外线，紫外线和可见光。气体激发出的光的颜色随着温度的升高而变化，伴随放电强度变化，从亮红色变为亮蓝色。所有促使氩与其他物质发生化合反应的尝试都未取得成功。尽管特罗斯特和乌夫拉尔证明了氩可以与镁蒸气化合，但氩的制备方法证明其不与氧结合；氩气也不与氢、氯、磷、硫、钠、碲等物质构成任何化合物；甚至不与氟

（可能是化学元素中公认最活跃的元素）反应，也没有与氟化合的倾向。

1888 年，美国地质调查局的赫列布莱德博士在研究一种叫作克利夫的钇铀矿（以已故的克利夫教授命名）时发现，在用稀硫酸处理该物质时，会释放出大量气体。人们认为这种气体只含有氮，因为该物质产生了氮元素的光谱反应。为了检验这种气体是否含有氩，拉姆塞于 1895 年对该物质做了进一步光谱检查。将这种气体与氧气混合后通电，然后再将气体通过苛性钠溶液，拉姆塞并没有发现氩的存在。剩余气体的光谱有一条明亮的黄色线，名为 D_3。这不符合钠产生的谱线，但与 1868 年日食期间检测到的色球光谱中的一条线位置相同。经弗兰克兰、洛克耶尔验证，这条线不属于任何已知的元素。这个假定的新元素——氦，得名于太阳（ἥλιος）。这是人类首次发现原来仅能在太阳中观察到的元素在地球上也存在。随后，在克利夫实验室中工作的兰格莱特证实了钇铀矿产生的气体中存在这种新元素。

◎威廉·拉姆塞

氦是原子量为 4 的单原子气体。与氩相比，该物质更不溶于水。但与氩一样，氦不与任何其他物质化合。在许多矿物，特别是那些含有铀和所谓的稀土金属的矿物中，人们发现了氦。氦也存在于某些矿泉（如比利牛斯山的巴斯和考特以及帕多瓦附近的阿达诺）产生的气体中。氦的光谱除了包含特有的黄线外（不仅在太阳色球中，而且在某些恒星中，人们也能发现该特征），还包括两条红线、绿线、蓝线和紫线。与氩相似，氦被激发出的光的特性随放电强度变化而变化。柯莱指出，汞蒸气的存在改变了氦的光谱。氦是所有气体中折射率最小的。1908 年，卡米林·昂内斯将氦液化。该物质呈现为一种无色液体，比重为 0.154，在 −268.5℃时沸腾（即绝对零度温度以上 4.5K）。其临界温度约为 5k，临界压强高于 $2\frac{1}{4}$ 个标准大气压。

现在用于获取液态空气的方法（后一章将介绍）使新物质的发现更容易了；1898 年，拉姆塞和特拉弗斯在对液态空气挥发后留下的残留物进行分光研究时，检测到空气中存在两种新的单原子气态成分。他们将其分别命名为氪（χργπτός，神秘物质）和氖（νέος，新物质）。前者比氩重，后者比氩轻。通过对同时获得的氩进行分馏，又获得了一种气体，该气体在光谱仪中表现为凯塞和弗里德兰德先前在大气氩中识别出的氦特征线，且呈现出复杂的光谱。由于存在新元素氖，光谱由诸多红线、橙线和黄线组成。用液态氢将混合物冷却至 −252℃时，氖凝固了，而氦保持气态，从而氖气和氦气分离开来。

研究人员从大量液态空气蒸发后留下的残渣中获得了氪。与氪混合的是空气中的第三种气体成分，名为氙（ζενος，奇异体）。氪在大气压下的沸点为 −152℃，熔点为 −169℃；氙的沸点为 −109℃，熔点为 −140℃。氪和氙临界温度分别为 −62.5℃和 14.7℃。因此，我们可以在比空气的平均温度稍低的温度下，施加压力液化氙气。氖在 −243℃升华，在 −253℃凝固。上述两种物质均形成无色液体，凝固成冰状固体。除了氩外所有惰性气体在空气中含量约为 1/107，它们都以极少量存在于大气中，其比例大致如下：

氦	1	比	245,300	（按体积分）
氖	1	比	80,800	（按体积分）
氪	1	比	20,000,000	（按体积分）
氙气	1	比	170"	（按体积分）

此后，人们将大量液化空气系统分馏，但除上述气体外，未获得其他气体。

哥本哈根的尤利乌斯·汤姆森在1895年发表了一篇题为《一族不活跃元素存在的概率》的论文。文中就门捷列夫元素周期律问题提出元素电性从负到正或从正到负，中间必然存在零或无限。在第一种情况下，变化是渐进的；在第二种情况下，变化是骤然的。第一种情况对应的是在同一周期内，原子电性随原子量变化而变化。第二种情况对应的是元素电性从一个周期到下一周期的变化。因此，在周期表中，从一个周期到下一个周期的过程应该通过一个电性为中性的元素来进行。这种元素的化合价为零，因此，就此点来说，该元素也表示从第七族的单价负电性元素到第一族的单价正电性元素的过渡阶段。这表明可能存在一族原子量为4，20，36，84，132的惰性元素——分别与氦、氖、氩、氪和氙的原子量相当接近。

近年来放射性元素引起了极为广泛的关注。

1896年，亨利·贝克勒尔发现铀盐释放出一种不可见射线，即便没有直接暴露在这种射线中，也具有影响照相底片的能力，作用方式与伦琴或X射线完全相同。从那时起，人们发现许多物质具有类似的性质。此类物质具有放射性，其发出的射线并非一种。人们发现射线有三种不同的类型，分别称为 α 射线、β 射线和 γ 射线。α 射线由带正电荷的粒子组成，其运动速度约等于光的十五分之一。这些射线穿透力很弱，但能够在磁铁的作用下发生偏转。

β 射线由质量不超过氢原子质量千分之一的负电荷粒子组成，上述负电荷粒子以接近光速的速度运动。β 射线比 α 射线具有更大的穿透力，也更容易在磁铁的作用下偏转。

γ 射线与X射线类似；它们均以光速运动，具有很高的穿透力，但不受磁铁的影响。这三种形式的放射使气体导电，激发某些物质的发光或荧光，改变玻璃的颜色，将氧转化为臭氧，黄磷转化为红磷，并且对照相底片产生影响。

根据卢瑟福和索迪的衰变理论，放射性元素是一种正在发生变化的物质形式，这种变化导致产生了具有不同于原物质化学和物理性质的新物质。这些变化伴随着热能或其他形式的能量的产生。研究表明每种放射性元素的半衰期是不同的，但同一元素的半衰期是恒定的，无论该元素存在于何种化合物。特定放射性元素的化合物的相对放射性与其中所含元素的量成正比。衰变过程伴随一系列中间产物，直到产生稳定的形态。铀——人们在其身上第一次发现了放射性现象，被认为会产生至少 17 种不同的物质（包括镭、锕和钋）。人们认为另一种放射性元素钍，可产生 8 种不同形式的物质。铀以异常缓慢的速度衰变；据计算，一年内只有不超过 100 亿分之一的铀发生衰变[①]。第一种衰变产物被称为铀 x（后被确定为镤元素）。如果用普通乙醚处理一定量的脱水硝酸铀，则会得到一个含有铀 x 的微量残渣，残渣会发射 β 和 γ 射线，并相对迅速地转化为其他物质。普通铀不含铀 x，只会发射 α 射线。铀盐可以通过反复结晶从含铀 x 的残渣中分离出来，铀 x 留在母液中。

◎玛丽·居里

居里夫人最早于 1898 年发现了镭的存在。居里夫人在研究某些铀矿和铀产品时注意到这些产品的放射性明显大于与其中所含铀量相对应的放射性。因此她推测，这可能是由于某一成分的放射性比铀强。实践证明这个假设是有根据的，她最终成功分离出了一种名为镭的新元素，其化合物与钡的化合物类似。目前已知

① 原文确实如此。——译者注

最丰富的镭来源包括从波希米亚的约阿希姆斯特尔沥青铀矿中提取铀之后的某些残留物，其中镭的含量达到每吨 0.2 克。这些残留物主要为钙和铅的硫酸盐，以及其他金属化合物。为了获得镭，需要用浓苛性钠溶液加热混合物，用水洗涤残渣，再用盐酸溶解大部分材料。镭几乎都不能被溶解。在将残留物用水冲洗后，用碳酸钠溶液煮沸，碱土会变成碳酸盐。经过反复结晶，残余物会被转化为氯化物或溴化物，从中获得氯化钡或溴化钡，其中含有大部分镭（为卤化盐）。然后，将镭盐和钡盐分步结晶分离，镭盐在水和酒精中，以及在含有卤素酸的溶液中的溶解度比钡盐稍低。

纯氯化镭（$RaCl_2$）是一种白色结晶盐，类似于氯化钡，与氯化钡呈现同晶型结构。镭和钡一样，可形成不溶性碳酸盐和硫酸盐及可溶的硝酸盐和溴化物。溴化物的稳定性比氯化物低得多；原因前者会生成溴并具有碱性。至今，人们只获得了微量的镭，制备出的镭的化合物种类很少。

镭盐发出的射线会灼伤皮肤，研究发现这些射线有助于消除啮齿动物溃疡；它们可作用于蛋白质，破坏细菌，漂白叶绿素，并会影响种子的生长力。一种纯净、新制备的镭盐似乎仅会发出 α 射线，但衰变产物很快就会形成，然后再发出 β 射线和 γ 射线。

在衰变过程中，镭盐释放的热量为每克镭盐每小时约 75 克卡路里；因此，镭盐的温度总是高于其所处环境的温度。衰变产物中有气体氦，它可能是 α 射线的来源。

镭的原子量为 226.5。有学者认为镭是铀分解的产物，铀的原子量为 238.5。人们认为镭是由一种名为锾的中间产物形成的。锾是博尔特伍德在钒钾铀矿矿石中发现的一种放射性元素。据推测锾的原子量约为 230。据说镭本身会生成至少八种衰变产物，第一种是所谓“射气”，该物质由道恩于 1900 年发现。它是一种原子量约为 180 的不活跃气体，会产生明亮的光谱线，能分解成氦。射气可将水分解为氧和氢，能压缩成液体并能在低温下凝固。拉姆塞和格雷已经确定了射气的物理常数，其液态会发出磷光，光的颜色取决于盛放容器的玻璃属性。固态也会发出磷光，颜色随温度变化而变化。镤只能发出 α 射线，在分解过程中，像镭一样产生热量。镤在周期表中的位置可能高于氙。镭衰变的其他产物被称为放射铅和钋。1898 年居里夫人发现了钋；它也是第一种被确认为具有强放射性物质。在周期表中，钋在铋后面，是第六族的一员，钋的原子量可能为 210。居里夫人和德比埃纳研究了钋的光谱特征，证明钋在衰变过程中会产生氦。

镭的衰变速度相对较慢，根据计算，镭的半衰期约为 2000 年。卢瑟福通过计算得到：一公斤镭在 26000 年后只剩下一毫克，剩余的镭都衰变了。

1899 年，德比尔纳宣布铀矿物中存在另一种放射性元素，他称该物质为锕。锕可能是铀的衰变产物，与吉赛尔的射气相同。锕与从沥青闪锌矿残渣中分离出来的稀土伴生，最终在镧盐中得以发现。但锕的原子量、化学关系尚未确定。锕发生衰变，生成了一种可迅速裂变并能在低温下加压液化的气态射气。学者们通过对衰变产物的射线、衰变常数、半衰期研究，发现了四种其他衰变产物。

1898 年，居里夫人、施密特独立证明钍中含有放射性元素。钍本身是否具有放射性尚不确定。钍的衰变速度可能大于铀。钍也可以产生一种气体，该气体为氩族惰性气体，可在液态空气温度下凝华，其原子量很大。

学者已经研究了若干产物的放射类型，计算了衰变常数和半衰期，但目前对其原子量、光谱或化学性质仍知之甚少。

第四章
原子、分子：原子量、当量

阿伏伽德罗假说——斯坦尼斯劳·坎尼扎罗——测定分子量——杜隆和珀蒂定律的适用性——分子量与渗透压的关系——原子量的测定——普劳特、杜马、斯塔斯、瑞利勋爵、勒杜克、莫利、诺伊斯、古耶、西奥多·理查兹的假说——质量守恒定律的有效性：朗道耳特

前文提到盖·卢萨克、道尔顿分别独立发现气体以简单的体积比例化合，在类似的温度和压强条件下可以测量的气体产物的体积与成分构成极为简单的体积关系。在大多数与道尔顿同时代的人看来（但这并非道尔顿本人的观点），这一发现显然为其对化合本质的解释提供了强有力证据。实际上，气体的密度与其原子量之间显然存在某种简单关系。然而，将盖·卢萨克定律的基本原理延伸到包括一般气体时——无论是单质还是化合物——都遇到了一些困难，但实际上这些困难在19世纪后半叶才得到圆满的解决。1813年，阿伏伽德罗为解释道尔顿和盖·卢萨克观察到的气体体积关系现象，做出了第一次合理的尝试。阿伏伽德罗假设一个特定体积的所有气体——单质或化合物——含相同数量的整数分子；因此，上述体积的相对质量可以表示分子的相对质量。阿伏伽德罗认为，在单质气体中，分子由一定数量的同类基本分子构成，而化合物气体的分子则由不同种类的基本分子组成。阿伏伽德罗的基本分子现在被称为原子；我们把它的完整分子

称为分子。1814 年安培独立发表类似的理论。根据阿伏伽德罗和安培的理论，由于所有体积相同的气体，完整分子的数量是相同的，这些分子必须彼此间距离相等，而其相互距离取决于压强和温度。该理论随即解释了波义耳、道尔顿定律，即不管气体化学性质如何，在其受到压强压缩或受热膨胀时，体积变化方面表现相同。

很长一段时间，阿伏伽德罗和安培假说的真正意义被掩盖了，首先是因为 19 世纪上半叶伟大的化学思想领袖贝采里乌斯、盖·卢萨克、沃拉斯顿和格梅林对这些理论并未完全理解；其次是因为几乎普遍的推导原子量的实践均是为了化学的当量研究。同时，我们必须承认，单质和化合物蒸汽密度看似异常的情况（人们当时还不了解分子和原子的区别）进一步阻碍了对这些假设价值的认识。杜马和米切利希所定的汞、硫、磷和砷的蒸汽密度显然与化学类比法，以及杜隆－珀蒂定律不符。氯化钠、五氯化磷、硫酸、甘汞等物质的蒸汽密度显然也与杜隆－珀蒂定律不符。

到了 19 世纪中叶，人们实际上已经遗忘了阿伏伽德罗的假设，也忽视了体积定律。元素的原子量，以及英格兰和德国普遍采用的符号系统都是完全基于当量的。日拉尔清晰地指出了这一异常现象；随后，罗朗对部分气体（如水蒸气、氨气、氯化氢、二氧化碳、沼气等）体积相同则其当量相同的现象做了合理的解释。他假设这些气体，若体积相同则其包含的分子量也相同，这符合阿伏伽德罗和安培的假设。新结论的简洁性、一致性逐渐得到了化学家的青睐。威廉姆逊关于醚化的著名研究、日拉尔关于硬石膏的研究，以及弗兰克兰关于自由基的研究强化了这种青睐；在阿伏伽德罗的假设基础上，坎尼扎罗于 1858 年论述了区别于金属元素当量的真实原子量。坎尼扎罗提出的新原子量表在某些方面与贝采里乌斯最初提出的理论相似；但是瑞典化学家们采用的数字缺乏统一且合理的标准，所使用的数字经常不一致。

◎斯坦尼斯劳·坎尼扎罗

因此，我们现有的原子量表中的原子量符合阿伏伽德罗和安培的学说、杜隆－珀蒂定律以及类质同晶的现象。实际上，这些值符合所有用来表示元素原子量的标准。因此，现在的符号体系（当然是基于相关的原子量）为人们清晰认识化合物的相对分子质量，化合物之间的关系和化学反应提供了方案。陆续有例子证明异常蒸气密度（均阻碍了人们广泛接受基于气态体积定律系统）不仅与气态体积定律不矛盾，而且实际上为气体体积定律提供了诸多确凿证据。因此，在氯化铵存在的情况下，得出的蒸气密度实际上只是计算值的一半，事实已证明在加热到观察的温度时，这种盐的蒸气主要分解成氨和氯化氢分子，共同占据了两倍的氯化铵分子的空间。五氯化磷蒸气经充分加热后，会完全分解成三氯化磷和氯。

此外，研究发现通过加热氯化铵和五氯化磷蒸气，可以进一步确定在一定温度范围内，这些物质实际上可以以气态存在，其蒸气的密度实际上符合理论要求。此外，五氟化磷（五氯化磷的类似物）在常温下为气态的，具有标准密度。它还可以在不显示任何分解迹象的情况下被加热到高温。

之前提到的异常蒸汽密度被实验结果充分、合理地解释了。现在不存在影响杜隆－帕蒂定律的普适性的例外情况。

今天，一种物质（不管是元素的还是化合物，如可蒸发）的化学历史，只有人们对其蒸气密度了解了解后才是完整的，因为对其蒸汽密度的了解是测定其分子量的最有效方法。因此，许多化学家尝试简化并提出更加方便测定蒸气密度的方法。杜马、盖·卢萨克、德维尔和特罗斯特命名的相关工艺在过去为我们提供了宝贵的资料，但现在被相对简单、快速的方法取代了，这要感谢霍夫曼和维克托·迈耶。这些方法虽然未必更准确，但却用较少的时间，也没费什么周折就提供了所需的信息；也就是说，这些方法可用于证明多种以上假定分子量中的哪一种是正确的，从而帮助我们建立物质的分子式。物质的化学式是其构成的浓缩表达。因此，水的化学式“H_2O”表明，该物质由氢和氧按一定的比例组成，用整数表示氢的原子量为 2，氧的原子量为 16 份；换句话说，2 个氢原子中，每个原子量为 1，1 个氧原子的原子量为 16。此外，这个公式还暗示了这样一个理论：当气体化合，即 2 体积的氢气和 1 体积的氧气结合，产生 2 体积的水蒸气（蒸气）。因此，氯化氢的化学式 HCl 意味着该物质是 1 个氢原子（原子论量为 1）与 1 个氯原子（原子量为 35.5）化合；这还表示在化合的过程中，1 个体积的氢与 1 个体积的氯结合形成 2 个体积氯化氢。最后，化学式 NH_3 表示由氨分子由 1 个氮原子（原子量 14）和 3 个氢原子（每个氢原子的原子量为 1）构成；该公式进一步表明，在氨气被分解为其构成成分后充分加热，2 体积的氨气可增加到 4 体积，即由 1 体积的氮和 3 体积的氢组成的混合物。

简言之，所有的化学式都是所谓的两体积公式。换而言之，假定氢气分子量为 2（氢的原子量为 1），根据物质的蒸汽密度和氢气的密度，求得物质的分子量。当在相同的温度和压强环境下测量时，水蒸气的分子量为氢的 9 倍，氯化氢的分子量为氢的 18.25 倍，氨的分子量为氢的 8.5 倍。分子式 H_2、H_2O、HCl、NH_3 所代表的气体在相同体积的条件下分子量相同。O_2、N_2、Cl_2 也同样如此。这些以氢、氧、氮和氯元素构成的分子的表达式分别由两种原子构成：水分子由 3 个原子构成，即 2 个氢原子和 1 个氧原子；氯化氢分子由 2 个原子构成，即 1 个氢原子和 1 个氯原子；而氨分子由 4 个原子构成，即 1 个氮原子和 3 个氢原子。

如前所述，某些元素能以不同的同素异形状态存在。因此有一种被称为臭氧的物质。长期以来，这种物质被认为是在由空气放电产生的。早在 1839 年，舍恩宾就对臭氧进行了研究；但正如安德鲁斯和泰特最初推测的那样，臭氧是氧气的同素异形体，而不是一种过氧化氢。索雷特通过研究臭氧的扩散速率，确定了其密度。根据格雷姆定律，我们可以推断出臭氧的密度。研究发现臭氧是普通氧气的 1.5 倍。因此，如果氧分子由 2 个原子组成，臭氧分子由 3 个原子组成。所以，臭氧的化学符号是 O_3。

人们还发现硫分子在溶液状态下含有八个原子。这种处于气态的复杂分子随着温度升高被逐渐分解。在高于 850° 的温度下，和其类似物氧一样，只含有两个原子。在气态下，磷和砷的分子都由四个原子组成。另一方面，汞、锌和镉的分子都只有一个原子。正如后期证明的那样，1875 年，孔特和瓦尔堡通过确定声音传播的速率，证明了汞蒸气是单原子气体的事实。同样，如前所述，氦、氩及其同族元素也是单原子气体。

在过去 60 年中，杜隆－珀蒂定律的适用性在原子量测定中经常得到证明；学者们已通过该方法对其中一些常数进行修正，例如铊、铀、铍、铟等元素的常数。学者们就低原子量元素的情况下出现的异常——例如，对碳、硼、硅——作了进一步的探讨；韦伯和杜瓦分别证明，这些物质的比热随温度的增加而迅速增加，在高温下接近杜隆和珀蒂定律所要求的值。

近年来，化学家已提出了其他确定分子量的方法。对于不能挥发的物质，这些方法弥足宝贵。人们早就知道溶液中的物质会影响溶剂的凝固点，而且在大多数情况下会降低凝固点。早在 1788 年，查尔斯·布拉格登爵士就证明在无机盐水溶液中，凝固点的降低与溶解量成正比。随后，科佩特发现，在按分子量比率的类似盐溶液中，溶液在几乎相同的温度下凝固：凝固点的分子减少量在各组间各不相同，但在类似的化合物组中几乎相等。拉乌尔进一步注意到了当一定数量的同种物质相继溶解在不与其发生化学反应的溶剂中时，溶液的凝固点逐渐降低。降低的幅度与溶解在恒定质量溶剂中的物质质量成正比。在有大量溶剂的情况下，根据与溶解物质分子量成比例的量计算得出的凝固点下降值几乎恒定。拉乌尔指出，可采用这些分子量与凝固点降低之间的关系确定可溶物的分子量。分子量 m 由表达式 $m=K/A$ 产生，其中 A 表示通过将溶剂凝固点的研究下降值除以溶液的百分比而得到的商，K（分子下降值）为一个常数（取决于溶剂）。因此，我们发现将 0.6760 克氧化磷添加到 20.698 克苯中，氧化磷可溶 9 于苯且无变化，苯溶液的凝固点下降了 0.68 摄氏度。由于苯的 K 值为 49，我们得出（3.16×49）/ 0.68=227，该值可用于说明 P_4O_6 为氧化磷的真正分子式。这一结果由蒸气密度研究得以证实。

在溶剂中加入一种物质的效果在于降低液体的蒸气气压。由于液体的沸点表示使蒸气压强等于大气压时的温度，添加可溶物质的效果在于提高沸点，因为需要更高的温度才能确保蒸气压强与大气压相等。实践证明在沸点相同的溶剂中，等体积溶液溶解物质的分子数量相同。

溶剂沸点的分子增量方程式为 $d=0.02T^2/w$，其中 d 表示 1 克物质分子在 100 克溶剂中溶解所产的沸点增量，T 表示溶剂的绝对沸点，w 指一克溶剂的汽化热量。因此，沸点的分子增量与溶解物质的属性无关。

由公式 $m=pd/\Delta$ 可得到物质 m 的分子量，其中 $p=$ 溶解物质的重量百分比，$d=$ 沸点的分子增量（$0.02T^2/w$），$\Delta=$ 观察到的沸点上升值。如液体蒸发潜热量未知，则可通过已知分子量物质的初步实验获得 d 值；在此情况下，$d=m\Delta/p$。

我们还可采用公式 $m=K(s/\Delta L)\times100$ 计算分子量 m。该公式中 Δ 为沸点上升值，s 为溶解物重量，L 为溶剂重量，K 为分子沸点增量。贝克曼设计了采用上述方法的简易的仪器，且现已获得普遍使用。

从贝采里乌斯时代起，历代化学家都在努力改善这位检测化学大师给出的例子，以努力获得元素原子量的准确值。

特纳、彭妮、杜马和马里钠克作为贝采里乌斯最直接的追随者应该被提及。

杜马于1859年公布了对元素原子量进行大幅修订后的结果。在此基础上，用普劳特的话说，“化合物质量或原子质量彼此之间存在某些简单的关系（通常是多重的），因此许多重量必须是某一单位的倍数。杜马进一步支持了普劳特的观点，即“不存在原子量低于氢的元素，这不需要什么理由。元素的原子量必然是氢的倍数，尽管可能不清楚究竟是几倍”。

曾与杜马合作使用经典测量法测定碳的原子量的比利时化学家斯塔斯，独自确定了约十二个元素原子量（数据是当时最精确的），以确定：（1）一个原子量是否是一个确切、恒定的量，或者正如马里钠克（此后由克鲁克斯）提出的：原子量是否代表“原子的实际重量在一定范围内变化的平均值”；（2）元素的原子量如果是确切的、恒定的，则数字，是否如普劳特和杜马所说是可公约的；（3）如果这些数字分别是固定、可公约的，是否一定说明这些元素是由原始物质构成的，即1816年普劳特所提到的原始物质（πρώτη ὕλη）。

斯塔斯多年来致力于解决这些问题，以前从未有的精益求精和实验技巧进行研究。1865年，他得到了一些研究成果。他的结论为：（1）元素的原子量为绝对恒定值，不受其产生的化合物性质或其所在物理环境影响；（2）就此获得的数字不可公约；用他自己的话说就是：“需将普劳特定律视作为纯粹的猜想”。因此，根据斯塔斯的实验证据，这些元素必须被视为“单个个体”，斯塔斯把每个元素都表达为一种原始且不可改变的物质。

这一部可以称得上化学经典之一的不朽著作问世给人留下了深刻印象。其影响一直持续到了今天。它成为范本，并提供了一个研究人员都努力效仿的标准，结果表明原子量是目前确定的最为准确的物理常数。

受篇幅限制，我们无法对斯塔斯传记出版后45年来做的与原子量有关的研究进行任何详细叙述；如读者希望获得更全面的资料，须参考关于相关论文，例如弗·沃·克拉克的《自然的常数》、迈耶和塞伯特的专著，以及贝克尔、塞伯林和范·德·普拉茨的专著。

但必须参考瑞利勋爵、勒杜克、莫利、诺伊斯、古耶、狄克逊和埃德加对数值的测定。这些数值与氧、氢、氮、银和卤素的数值一样，在原子量研究中主要作为基准值使用。

最后，应该提到的是，多年来，在西奥多·理查兹的指导下，哈佛实验室为使用最精确、最现代的方法重新测定元素的原子量做了大量工作；理查兹及其学生确定了我们所需要的一些最可信、最为确定的数值。鉴于原子量的基础性价值，各个对化学有所重视的国家都同意成立一个国际委员会，该委员将会不定期对该实践化学的研究结果进行管理、审查并评估其价值，同时起草一份关于该主题的年度报告。

尽管本书收集了有关质量守恒定律有效性的证据，但证据的充分性却备受质疑。在最近几年内朗道耳特已对此问题进行了研究；并且做了大量实验。这一系列实验排查了每一个认定误差源头，人们没有任何理由相信在化学变化反应过程中存在任何质量损耗。

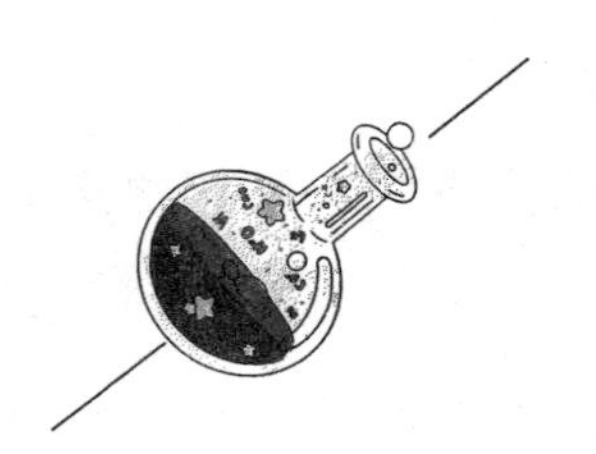

第五章
分子气体理论

气体定律的相互依赖性——气体动力学理论：伯努利、沃特斯顿、克劳修斯、麦克斯韦、玻尔兹曼、施密特、格雷姆——气体扩散——范·德·瓦尔斯方程——比热比：孔特和瓦尔堡——气体液化——临界温度和压力：安德鲁斯、皮克特和卡耶泰、乌鲁布莱夫斯基、奥尔塞夫斯基、杜瓦、卡米林·昂内斯——大规模液化空气——低温研究

诚然，较明显的气体物理现象在 19 世纪中叶就已为人所熟知；而所谓的气体定律——波义耳定律、道尔顿定律和盖·卢萨克定律——在 19 世纪中叶已被化学家、物理学家普遍接受为基本理论。众所周知，前两条定律只是在数学意义上近似真正值，雷诺和马格努斯的实验研究不仅确定了上述近似值偏差范围而且在某种程度上指出了其偏离理想条件的原因。如前所述，1850 年以前，人们实际上忽略了阿伏伽德罗假设，或者至少直到日拉尔和洛朗才认识到阿伏伽德罗假设，尤其是坎尼扎罗在 1858 年指出了阿伏伽德罗假设的真正意义，并让该理论成为现代化学大厦的基石。

在过去的半个世纪里最重要的成就之一就是证明了这些气体定律是相互依存的。对气体定律做进一步研究，特别是对精确数学表达式变化的研究，产生了气体真实属性的理论。该理论不仅涵盖了上述理论，而且对其进行了合理解释。如果有关压强、温度和气态体积之间关系的波义耳定律和道尔顿定律对事物本质的近似描述，盖·卢萨克定律和阿伏伽德罗定律也是如此，因为上述定律彼此联系紧密。只是在过去20年里，才有了明确的实验证据，证明气体实际上并没有按照盖·卢萨克定律所要求的精确比率结合。研究发现，事实并未按照盖·卢萨克所说的“氧和氢以一体积氧和两体积氢的确切比例结合形成水”，而是1体积氧与2.00245体积的氢结合（根据斯科特的说法）；或是与2.0024体积的氢（根据勒杜克的说法）；或是与2.00268体积的氢（根据莫利的说法）。在通常情况下，氧氢结合的实际体积比无疑都是这种情况。氢和氯结合形成氯化氢也是如此。因此，当组合气体接近理想气体的条件时，盖·卢萨克定律的数学表达式变值必定趋小，比如，在非常低的压强下。因此，从某种意义上说，偏离盖·卢萨克定律的精确程度在某一意义上是变化的且取决于反应发生的条件。

对气体物理现象的研究精益求精，特别是对决定其偏离理想气体定律程度的原因有日益清楚的认识，这为确定某些元素原子量提供了宝贵的帮助。近几年来，物理测量科学发展迅速。在单质和化合物都接近理想气体的情况下，计算分子量和推断原子量的物理方法比重量分析法或合成法更加可取，因为该方法提供了元素真实原子量最可能的值。瑞利勋爵、勒杜克，以及古耶及其学生对气体密度的研究为我们提供了若干元素原子量的数值。正如斯塔斯得到的数值优于先前数值一样，这些数值从准确度上讲优先于斯塔斯数值。丹尼尔·贝特洛在1898年指出，可以根据气体的密度及其在大气压和极低气压下观察到的波义耳定律变化推断出气体真实分子量。在特殊的情形下，对气态现象的研究可确保原子理论具有比半个世纪前拥有更稳定的基础。1869年，在伦敦化学学会现场举行的一次著名的演讲中，道尔顿学说最坚定的拥护者之一威廉姆逊阐述了道尔顿学说的真正价值。一些最杰出的化学家也非常谨慎地对这一理论表达支持的态度。

我们可以将气体看作是一团粒子——硬弹性球体——以极快的速度沿着直线向前、向后移动，但在其所通过的空间中占有比例很小。这是丹尼尔·伯努利在

1738 年首次构想的样子。伯努利通过该假设解释了气体密度和压强之间呈正比例的关系。如果气体是由运动粒子组成的，气体对容器侧面的压力是由于上述粒子运动的结果。显然，通过将容纳空间中粒子的原始体积减半，可以增加其在指定时间内的撞击次数；换句话说，通过将气体压缩到初始体积的一半，即可将其施加的压强加倍；这就是波义耳定律。气体性质的这一理论名为气体动力学理论；1845 年沃特斯顿对该理论做了进一步延伸。克劳修斯于 1857 年对该理论进行全面拓展，随后麦克斯韦和玻尔兹曼将该理论置于现在的地位。

这些气体实际上确实在运动，而运动速度取决于其特殊性质。除了用波义耳定律作解释之外，在 18 世纪和 19 世纪早期，化学家和物理学家观察到的许多现象也证明了这一点。从 1804 年根据莱斯利的观察结果可知，轻气体的移动或扩散速度比重气体快。施密特于 1820 年、格雷姆于 1846 年尝试确定这些速率，两人均发现气体的运动速率与其化学属性无关，完全由其质量决定：气体的运动速度与其密度的平方根成反比。格雷姆用下表展示了相比于“气体扩散定律”要求的速率，许多气体的实验确定了相对速率。第一列表示气体名称；第二列表示观察到的扩散速率；第三列表示气体密度的平方根（空气=1）：

气体	扩散时间	密度的平方根
空气	1	1
氢气	0.276	0.263
沼气	0.753	0.745
乙烯	0.987	0.985
氮气	0.986	0.986
氧气	1.053	1.051
一氧化碳	1.203	1.237

氮和乙烯在化学上是完全不同的气体，但其密度相同，因此具有相同的运动速率。正如格雷姆所说的：如果混合气的气体成分的密度不同，我们完全可以利

用其各成分气体的运动速率不同，将各成分气体从混合气体中分离出来。瑞利和拉姆塞采用了这种解析法来证明大气中的氮含有氩。

所有的气体物质，无论化学性质如何迥异，基本上都符合某些简单的“定律”；这说明它们的力学结构可能相似且相对简单。当前，所谓的气态“定律”——波义耳定律、道尔顿定律、盖·卢萨克定律、阿伏伽德罗定律和格雷姆定律都是在假定气体是由分子聚集而成的基础上做解释的，这些分子不停地进行直线移动，速度非常快。粒子运动的速度因其相互碰撞而变化；同时，有些粒子移动得很快，另一些则比较慢。如前所述，分子的不间断运动通过压强体现；气体对任何表面施加的压力是其分子撞击产生的聚集效应。波义耳定律指出，只要温度保持不变，一定质量气体的体积 V 和压强 P 的乘积就不变：PV= 常数。雷诺、马格努斯、奈特尔和阿马伽发现：除了氢之外，所有气体都显示出偏离了波义耳定律——PV 小于理论值。在含氢的情况下，PV 大于理论值。然而，如果将各种气体保持在一定温度以上，在达到一定的压强后会表现出与氢相同的偏差。

偏离波义耳定律的原因可能有两个：（1）由于分子间的内聚作用，所以体积，即 PV 小于理论要求；（2）分子不是数学点，它有一定的体积；因此，随着压强的增加，PV 大于理论要求。从下图中可以清楚地看到具有一定量的分子作用：假设 m 是一定空间内前后移动的分子，ab：

a| m • |b

假设，现在我们将容纳空间减半：

a| m • |b

由此可见，由于 m 的体积不变，其可移动距离将不到原来距离的一半；换而言之，m 在同一时间间隔内撞击容纳空间边界的频率将是以前的两倍多；因此 P、PV 会高于波义耳定律的要求。

那么，我们会注意到：这两个原因使波义耳定律偏值朝着两个相反的方向发展。对大部分气体来说，由常压下内聚作用而产生的效应大于由分子占据的实际空间而产生的效应。对于常温下的氢，情况正好相反；但如果强制将氢冷却，那么它与其他气体在常温下表现出的变化相似。通过加热这些气体，由于分子相互吸引而产生的内聚作用日益减小；在这种情况下，这些气体与理论的背离，与氢在常温下的情况相同。

分子间相互吸引的作用在于令气体的体积小于理论值；因此，内聚力在效力上相当于一定的附加压强；即（$P+A$）V= 常数，其中 A 表示内聚力的测量值。当然，A 必然与相互吸引的分子的量有关：A 与分子数的平方成正比。但单位体积中分子数量与气体的密度成正比；在指定的气体质量中，密度与体积成反比。因此 A 与体积的平方成反比，$A=a/V_2$，因此（（$P+a/V_2$）V= 常数。现在让我们研究一下第二个原因对波义耳定律数学精度的影响。分子并非数学点，这一理论表明表达式中的 V 与分子运动的空间不同。空间表示为 $V-b$，其中 b 表示分子总体积的测量结果。因此，真正的表达式为（$P+a/V_2$）（$V-b$）= 常数。

研究人员也通过气体动力学理论对道尔顿定律（Charles）进行了最简单的解释；此外，这种不同于数学理论的现象是分子可以相互感知、相互吸引造成的必然结果。我们可以用两种方法测量热对气体的影响；一种是确保气体压强不变测量增大的体积；保持气体体积不变，测量其压力。如果道尔顿定律的数学公式成立，那么它将满足以下条件：温度升高的条件下保持气体体积不变，气体压强的增长率与在温度升高，并且气体压强保持不变的条件下，气体体积的增长率相一致。换句话说，膨胀系数和压强系数应该相同。然而，实验表明其并不相同。

雷诺的若干测量结果如下表所示：

	膨胀（压强常数）	压强（体积常数）
氢气	.003661	.003667
空气	.003670	.003665
二氧化碳	.003710	.003688
二氧化氮	.003903	.003845

此后，乔利和查普伊斯也得到了类似结果。除了氢（可能还有氦），所有气体的膨胀系数都比压强系数大，而且气体的膨胀系数就越大，气体的膨胀系数与压强系数的差异越大。

如前所述，因为波义耳定律与道尔顿定律关系紧密，两者都与分子运动有关，所以用于解释波义耳定律变化的同一推理过程也适用于道尔顿定律。对气体压力和温度定律进行解释同样适用于阿伏伽德罗定律。如果所有气体在恒定体积下受热时的压强增量大致相等，且增加的压强仅仅是由于分子撞击容器侧面的能量增加所致；那么，所有气体在单位体积中必然包含相同数量的分子。但从该案例最本质的地方来看，波义耳和道尔顿的定律的数学公式不可能成立，因此出现了阿伏伽德罗和盖・卢萨克的定律同样必然仅为近似理论的结果。

对波义耳定律、道尔顿定律、盖・卢萨克定律和阿伏伽德罗定律做出解释也同样适用于将气体的扩散速度与密度关联的格雷姆定律。如果任何气体（无论其性质和质量）单位体积中的分子的量都几乎相同，那么不同气体分子的平均速度必然不同，其平均速度必然与密度的平方根成反比。

如果我们获知气体的压强、密度、以及重力加速度的值，就可以计算出分子的平均速度，则 0℃时其平均速度（平方米 / 秒）表示为表达式 $U^2=3pg/q$，其中 p= 每平方米的压力 =10333 千克；g= 重力常数 =9.81；q=0℃时气体在一个大气压下的立方米质量。

对于氢气，我们得出

$$U^2=3\times10333\times9.81/0.0899$$

其中 U=1842 米 / 秒；对于氧气，我们得出 $U^2=3\times10333\times9.81/1.430$，其中 U=461。上述数值均符合格雷姆定律的要求。氢的密度取 1，氧的密度取 16，16 的平方根为 4，1842 和 461 的比值约为 4:1。

正如拉普拉斯率先提出的那样，将某一单位质量气体的温度提高到特定区间所需的热量取决于气体是否可以膨胀；换句话说，在体积恒定或压强恒定的情况下，某一气体的比热容会发生变化。加热单位质量气体，气体体积会膨胀。此时，如果压缩气体体积至加热前，那么气体温度会继续升高，尽管我们没有再加热该单位质量气体。事实上，这种气体的升温仅仅是由于释放了温度不变的情况下气体体积膨胀所需的热量。因此，在保持气体体积恒定时，气体温度升高相同度数所需的热量小于允许气体膨胀所需的热量；换句话说，恒压下的比热容大于恒定体积下的比热容。假设我们赋予分子的能量仅仅加速了平均的直线速度，而分子未吸收能量以提高其势能和化学能，便可以计算出两个比热容的比。结果发现，在允许气体膨胀时所需热量是体积不变时所需热量的 1.67 倍。我们已经实验测定的若干气体的该比率。在正常条件下，氧气的比热比为 1.408，氢气的比热比为 1.414，二氧化碳的比热比为 1.264，甲烷的比热比为 1.269，所有数值都明显低于 1.67。用测温法直接通过实验测定这一比值存在一定困难。不过，杜隆证明，通过对气体中声速的研究，我们可以比较容易地确定这种速度与该比值有关的直接函数。实验方法包括：在水平放置的玻璃管中均匀撒些少量轻粉末（如石松孢子或细碎的硅土），向玻璃管中的气体发射声波。玻璃管的一端装有一根玻璃棒；通过摩擦，一系列纵向振动会产生声波，并传递到气体中。由此轻粉末沿着玻璃管堆成小堆，堆之间的距离等于半个波长。通过与空气和被测气体的对比测量，我们便获得了可以推断的比热比数据。

通过使用该方法进行的实验，孔特和瓦尔堡发现，汞蒸气的数值与理论比值 1.67 相符。汞蒸气密度表明汞蒸气是一种单原子气体；该实验实际上满足了气体该数值确实为 1.67 的理论所需的条件。在加热过程中，分子所获得的所有能量只会加快平移的速度。另一方面，上述所有取值低于指定值 1.67 的气体均为双原子气体；在气体为双原子的情况下，赋予气体的能量部分用于增加分子的平移速度，部分导致分子内部发生变化。拉姆塞和特拉弗斯通过类似的实验成功证明了大气中的惰性气体是单原子的。

本文未能对各种方法做出解释——人们通过这些方法寻求获得气体分子

绝对大小的估算值，或确定其在一定体积内的分子的量。通过对气体黏度、扩散速率、热导率、波义耳定律变化、介电常数、电荷等的研究，麦克斯韦、欧·伊·迈耶、罗什米特、洛萨·迈耶、范·德·瓦尔斯、莫索蒂、普朗克、约瑟夫·约翰·汤姆森爵士等人已经得出了气体中分子的量和分子大小的估算值。这些估算值必然随推断时所作假设的变化而变化。得出的估算值没有任何用处，因为这些数字给人的印象并非分子的微小性，也并非分子的具体数值。比如说，体积小到一立方厘米。例如，据计算，一毫克气体中约有 640 万亿个氢分子。[①]

在上一卷中，我们简要叙述了对影响气体液化做出尝试的早期历史。这些尝试将气体分为两类：可液化气体和永久性气体。19 个世纪后半叶最显著的成就之一是破除了这种武断的区别。尽管法拉第推测出了影响气体液化所需的基本条件，但直到 1863 年左右，安德鲁斯才首次对此基本条件进行明确表述。安德鲁斯指出，要使气体液化，必须把其温度降到各种气体特定的温度。此时对气体施加足够的压力，该气体会变成液体。安德鲁斯发现气态的二氧化碳如果温度保持在 31℃以上，任何压力都不会导致二氧化碳液化；如果温度降到刚好低于这一临界点，则 75 个大气压将导致二氧化碳的液化。另一方面，如果液态二氧化碳的温度缓慢上升到 31℃左右，液态和气态之间的分界就会逐渐变得模糊并最终消失。在此种情况下，二氧化碳会在不突然改变体积的情况下从液态转化为气态。如果一定体积的气体（如在 50℃下）接触的压力逐渐增加（如 150 个大气压以上），则体积会随着压力的增加而逐渐减小，但不会发生因液化而体积突然变小。如果将高压下的气体冷却到常温，同样不会发生气体因液化而体积突然变小。二氧化碳，一开始是气体，最终一步步变成了液体，并未伴随任何体积的骤然变化。上述现象表明，我们所谓的液态和气态只是相同物质条件下的不同表现。存在一定温度，在这种温度下，即便施加压力，气体也不再是可液化的了；法拉第未能液

---

① 欧·伊·迈耶，《分子气体运动论》，1899 年。

化某些气体的原因在于在其无法充分降低这些气体的温度，也就无法使气体温度达到其临界点；因此，他和其他研究者施加的巨大压力是无效的。1869 年，安德鲁斯明确了上述发现；1873 年范·德·瓦尔斯从理论上拓展了该发现；1877 年，来自日内瓦的皮克特和来自塞纳河畔的卡耶泰几乎在同一时间各自将该发现应用于液化氧气。皮克特将高压下的氧气暴露在液态二氧化碳快速蒸发产生的冷气中；通过突然降低压缩氧气的力，使气体迅速膨胀，从而使氧气温度降低到临界点以下，卡耶泰获得了同样的结果。其他人员，特别是波兰的乌鲁布莱夫斯基和奥尔塞夫斯基、英国的杜瓦和荷兰的卡米林·昂内斯也开始研究这类问题；现在已成功地将所有气体的液化。

下表列出了若干液化气体的沸点（B.P.）和熔点（M.P.）、临界温度（C.P.）和压力（C.Press.），以及沸点时的密度（D）：

	沸点（K）	熔点（K）	临界温度（K）	临界压力（mHg）	密度
氦	4.5	—	—	—	0.15
氢	20	15	35	11.6	0.06
氧	90.5	50 以下	154	44	1.131
氮	77.5	60	124	20.9	0.791
甲烷	108.3	—	191	42.4	0.416
乙烯	169.5	104	282	44	0.571
氟	186	40	—	—	1.11
氯	239.6	—	—	—	1.507
氨	234.5	197.5	404	85.9	—
氖	30.40	—	低于 65	—	—
氩	86.90	—	155.6	40.2	1.212

续表

	沸点（K）	熔点（K）	临界温度（K）	临界压力（mHg）	密度
氪	121.33	—	210.5	41.2	2.155
氙	163.9	—	287.8	43.5	3.52

多年来，焦耳和开尔文勋爵从理论和实验角度研究了卡耶泰法影响氧气液化的原理。西门子扩展了该原理；林德和汉普森将其应用于大规模生产液态空气的机械制造中，无需使用任何中间冷媒。

现在很容易获得大量的液态空气，甚至液态氢。通过液态氢的蒸发，我们可以得到接近绝对零度的温度——即 −273℃，在冰点以下。偶然地，我们开拓了一个与低温下物质属性相关的特殊研究领域。

◎詹姆斯·杜瓦

英国的杜瓦和荷兰的卡米林·昂内斯一直是这一领域的先驱者。低温研究的确已成为英国皇家学会近二十年来的研究主业。低温研究包括在接近绝对零度的温度下观察金属和合金的电阻率、所谓绝缘体的特性、金属黏合力的变化、冷冻电解质的介电常数、低温对磁化和磁导率的影响、物体的光学性能、低温下的生命现象，以及寒冷对化学反应影响的研究。

杜瓦成功地液化、凝固了大量的氢，并研究了其低温性能。液态氢透明且无色。氢为非电导体，不能吸收光谱。氢冻结时呈冰状固体，无金属特性。杜瓦利用木炭吸收气体的属性（特别是在低温下）获得高真空，并利用该属性分离气体；杜瓦还利用木炭吸收气体的属性测定了摩尔热容。杜瓦用液态空气、液氮和液氢作为量热计，并利用其测定了 100 种物质在极低温下的比热容。最后，他巧妙设计了镀银的真空保护容器，现在名为“保温瓶”投入商业运营；这极大地推进了液化气体的实验用途。

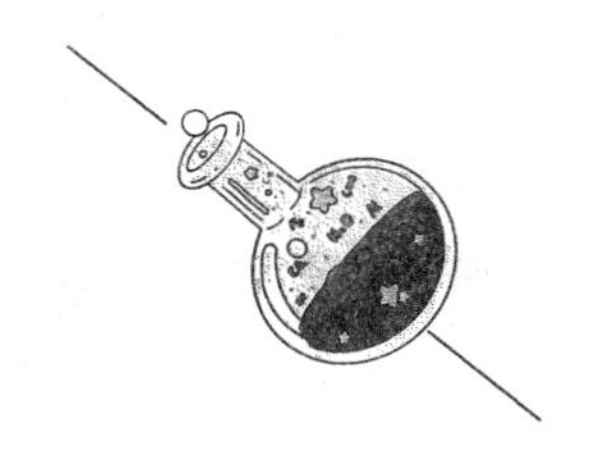

第六章 周期定律

普劳特、汤姆森、德贝雷纳、德贝莱纳、纽兰兹、德·尚古尔多阿、门捷列夫和洛萨·迈耶关于周期律的陈述——周期律作为一个分类系统的重要性

1815年，有人在汤姆森的《哲学年鉴》上发表了一篇匿名文章《论气态物体的比重与原子量之间的关系》，尝试指出某些正如盖·卢萨克所概括的符合道尔顿气态体积定律的结果。后来人们发现这篇文章的作者是一个叫威廉·普劳特的医科学生。显然，他是指出元素原子量之间的数值关系的第一人。通常，本文认定元素的原子量为氢原子量的倍数。事实上，在论文中没有明确阐述这一假设。这一推论实际来源于汤姆森。汤姆森尝试通过实验证明一个非常微弱的特征来支持这一观点，以推断出贝采里乌斯的学说，其中大部分都是臆想。

然而，如前文所述，这种不断出现的数字关系会引发人们猜测。德贝莱纳在1829年指出，在“三元素组”[①]中，中间元素的原子量实际上与其他元素的原子量的算术平均数相同；格梅林、杜马、格拉德斯通和斯特雷克也做了类似研究。

---

① 1829年，德国化学家德贝莱纳（Johann Wolfgang Döbereiner，1780—1849）提出了“三元素组”观点。他把当时已知的44种元素中的15种分成5组，指出每组三元素的性质相似，而且中间元素的原子量等于较轻元素和较重的两元素原子量的算术平均值。——编者注

来自英国的纽兰兹和法国的德·尚古尔多阿独立地提出了证实上述现象所依据的一般规律的方法。这两位研究者首先指出元素的性质与其原子量有关。俄罗斯化学家门捷列夫对该理论做了进一步研究。在1869年首次发表的门捷列夫元素排列中，门捷列夫根据元素的原子量对元素进行相应分组，元素的性质存在周期性规律。现在对元素周期律的一般陈述可采用这种方式进行表述：如果元素是按照原子量增加的顺序排列的，那么同一周期的不同元素的性质是不同的，但该元素的性质接近其所在位置应有的性质。我们可以发现相关元素的化合价、比容、熔点、延展性、硬度、挥发性、结晶形式、热膨胀、折射当量和热电导率、磁性和电化学特性、化合作用的热量变化等特征都符合该规律。

第一位了解门捷列夫元素周期律的意义的化学家是洛萨·迈耶，他研究了元素的一个特殊性质——比容或原子体积（换而言之，通过将各自的原子量除以比重而得到的值）——极大地发展了周期性理论。通过采用最显著、最具启发性的方式生动表示元素周期律，从而产生了一种几乎与门捷列夫元素周期律相同的分类。

自元素周期律发布之日起，根据周期性原则，人们对要素进行分类的方案出于进一步丰富知识的需要经过了一些小幅度修改；但在基本特征方面，元素周期表仍以门捷列夫设想的方式存在。要想发现所谓的惰性和放射性元素需要对上述元素与元素周期律的关系进行界定。将这些元素纳入元素周期律不存在根本性困难。事实上，经过适当的修改，这一理念与现代有关原子性质、原子电化学关系以及根据原子结构排序的观点相一致。在1905年出版的《化学原理》英译本中，门捷列夫给出了一张可以证明其对元素系统分类最终观点的表。《化学原理》的第105页转载了该表。在该表中，门捷列夫假设存在两个元素，x和y，他认为x与乙醚的物理性质相同；y是与氦的物理性质相似的物质，可能与太阳日冕大气中的“白光环质”相同，分子量约为0.4。

门捷列夫普遍原理的显著特征是其通用性。在这方面，该原理不同于以往对元素进行性质分类的所有尝试；之前的尝试由于具有局部性，因此并不理想。我们可以从门捷列夫的元素周期表获知门捷列夫创建的基本概念。事实上，门捷列夫的理论是对化学领域中原有理论的拓展，这些理论此前或多或少为人所知。在这些理论的基础上，门捷列夫对自己的预想进行了大胆的验证。他的元素周期表受到人们关注，并最终被人们广泛接受。

用作者的话来说，元素周期律是“将1860年至1870年十年间的已有研究结果的总结”。元素周期律完全建立在实验基础之上，这些实验体现了化合反应规律。元素周期表是根据阿伏伽德罗、坎尼扎罗测定的原子量，以及基于相似元素的原子量必然呈现一定规律的假设制订的。元素周期律的应用随即引发人们对某些原子量的重新测定。在元素周期律出现之前时，人们纯粹靠经验确定一个元素化合价，人们认为元素的化合价没有明显的必然关系。我们现在发现化合价是一种先验知识，就像元素的任何其他属性一样。化学家们通过实验对部分元素的原子量和化合价进行重新测定。这些元素的原子量和化合价是完善元素周期律所必需的。元素周期律进一步表明新元素的存在，并预言了其属性。如前所述，元素周期律的预测能力是显而易见的。勒科克·德·布瓦博德兰发现镓，尼尔森发现钪，温克勒发现锗。门捷列夫在1871年分别预言过这些元素的存在和主要属性。

元素周期律一经发布就被认定是证明原始物质概念有效性的证据。不过，门捷列夫认为他的元素周期律与毕达哥拉斯假说没有任何关系：

元素周期律是建立在全面、可靠的实验研究基础上的。该定律的发展与任何关于元素属性的理论无关。该定律绝非起源于一种独特物质的理论；其与古典思想没有任何历史联系；因此，该定律提供的物质的统一性或元素的化合性质并不比阿伏伽德罗定律、日拉尔定律、比热定律甚至比热定律多光谱分析得到的结论有更多的象征意义。在轻信诸多神明、独特事物存在的时代，事实证明独特物质的支持者根据远古时代的观点来解释定律并非易事。

序数	0族	第一族	第二族	第三族	第四族	第五族	第六族	第七族	第八族
0	x	—	—	—	—	—	—	—	—
1	y	氢 H=1.008	—	—	—	—		—	—
2	氦 He= 4.0	锂 Li = 7.03	铍 Be = 9.1	硼 B= 11.0	碳 C= 12.0	氮 N =14.04	氧 O = 16.0	氟 F= 19.0	—
3	M Ne = 19.9	钠 a = 23.05	镁 Mg = 24.1	铝 A1 = 27.0	硅 Si = 28.4	磷 P = 31.0	硫 S = 32.06	氯 0 = 35.45	—
4	氩 Ar = 38	钾 K = 39.1	钙 Ca = 40.1	钪 Sc = 44.1	钛 Ti = 48.1	钒 V = 51.4	铬 Cr=52.1	锰 Mn = 55.0	铁 Fe = 55.9 钴 Co = 59 镍 Ni = 59(Cu)
5	—	铜 Cu = 63.6	锌 Zn= 65.4	镓 Ga = 70.0	锗 Ge =72.3	砷 As =75.0	硒 Se = 79.0	溴 Br = 79.95	—
6	氪 Kr=81.8	铷 Rb = 85.4	锶 Sr = 87.6	钇 Y=89.0	锆 Zr = 90.6	铌 Nb =94.0	钼 Mo = 96.0	—	钌 Ru= 101.7 铑 Rh=103.0 钯 Pd= 106.5(Ag)
7	—	银 Ag= 107.9	镉 Cd= 112.4	铟 In= 114.0	锡 2a =119.0	锑 Sb =120.0	碲 Te =127	碘 I= 127	—
8	氙 Xe = 128	铯 Cs = 132.2	钡 Ba = 137.4	镧 La= 139	铈 Ce=140	—	—	—	—
9	—	—	—	—	—	—	—	—	—
10	—	—	——	镱 Yb=173	——	钽 Ta =183.0	钨 W= 184	—	锇 Os = 191 铱 Ir = 193 铂 Pt= 194.9(Au)
11	—	金 Au= 197.2	汞 Hg = 200.0	铊 Tl = 204.1	铅 Pb =206.9	铋 Bi = 208	—	—	—
12	—	—	镭 Rd = 224	—	钍 Th = 232	—	铀 U = 239	—	—

想要更全面地了解元素周期律的读者必须参照相关专门论文，或参考更多通用化学手册。但我们必须指出的是，自元素周期律最初发布，以及自洛萨·迈耶、凯尼雷、汤姆森和其他人发展该原理以来，虽然人们发现的许多现象与本定律相符，但其他一些发现（部分在1870年以前就已发现）显然与本定律不相符，或者需要更全面的解释。例如，如果准确测定了碲的原子量127.5，则碲在周期表中的位置就不合适。钴（58.97）和镍（58.68）的原子量非常接近，其性质和相应化合物的性质应该非常相似；但事实并非如此。研究学者表示，元素周期律并没有预测出镍的发现。类似的问题也适用于锰、铬和铁；这些元素的原子量差异并没有其化学性质差异大。氩、钾的相对位置也与该定律不相符。我们目前对稀土金属的原子量了解也存在一定的困难。然而，尽管存在这些看似为异常的现象，但元素周期律同万有引力定律一样，都是自然规律的一部分。这是毋庸置疑的。正如我们现在对周期表的定义，它仅仅意味着我们第一次如此接近真理。我们最终完全了解真理是可能的，事实上也是必然的。正如门捷列夫自己排列的周期表是对前人尝试合理分类化学元素的结果的修改和扩展，随着我们的知识日益精进，我们也需要对门捷列夫目前的分类方式进行修改和扩展，

◎德米特里·伊万诺维奇·门捷列夫

德米特里·伊万诺维奇·门捷列夫于1834年2月7日（不确定）出生于西伯

利亚的托博尔斯克（Tobolsk），是该地体育馆负责人伊万·门捷列夫的第十四个、也是最小的孩子。德米特里出生后不久，他的父亲就失明了，家里几乎全靠母亲玛丽亚·德米特里耶夫娜·门捷列娃维持。她在托博尔斯克附近建了一家玻璃厂，靠着这家工厂的利润养育着这个大家庭。15 岁时，门捷列夫随母亲来到圣彼得堡，并在圣彼得堡师范大学的物理－数学系开始学习自然科学。门捷列夫毕业后曾在克里米亚的辛菲罗波尔和敖德萨的学校中担任中学理学教师。后来，于 1856 年成为一名无薪大学教师[①]；随后，在法国和德国短暂学习后，门捷列夫回到了圣彼得堡，并于 1866 年成为圣彼得堡大学基础化学的教授。门捷列夫的声望主要得益于他对化学的贡献，特别是在比容、临界温度、液体的热膨胀、溶液性质、气体弹性以及石油的来源和性质方面。门捷列夫于 1907 年 1 月 31 日去世。

① （尤指日耳曼语系国家）从学生收取费用而不拿大学薪资的讲师。——编者注

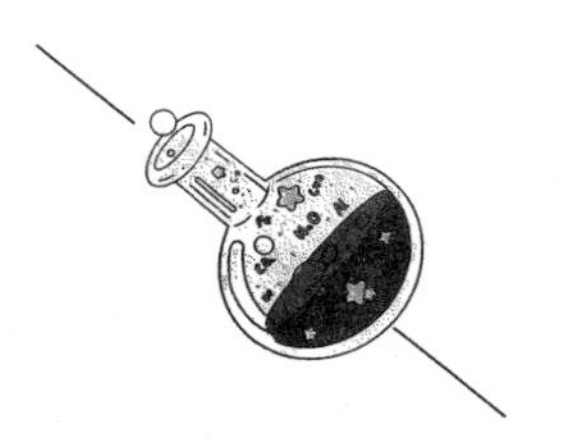

第七章 化合价

化合价理论的起源：威廉姆逊、日拉尔、弗兰克兰、库珀、凯库勒——碳的四价性和原子链——理性和结构式——化合价的动力学理论

从贝采里乌斯时代起，化学式被认为是合理的表达式，即化学式可用来表示物质和以最简单、最全面的方式表示这些物质参与的化学反应。用日拉尔的话来说，这些化学式可以“最大程度地清晰表达物质和物质间的关系”，可以用来最大程度地清晰表达相关化学反应。

在表达具体的化学反应时，人们经常注意到，物质的某些或全部组成元素的特定的基团会传递到产物中，基团的结合方式不会发生显著变化。按照李比希和维勒采用的术语来说，这些基团不一定是自由基；对日拉尔和凯库勒而言，这些基团只是残基，在化学反应过程中保持不变，而其本身会成为化学反应的产物。这些产物能否独立存在不清楚。我们可以以下列方式表示硫化物的构成，以表明其均含有 SO_2 基团或磺酰：

$$SO_2\begin{cases}Cl\\Cl\end{cases}\qquad\qquad SO_2\begin{cases}Cl\\OH\end{cases}$$

硫酰氯　　　　氯磺酸

$$SO_2\begin{cases}NO_2\\Cl\end{cases}\qquad SO_2\begin{cases}NO_2\\OH\end{cases}\qquad SO_2\begin{cases}OH\\OH\end{cases}$$

磺酰硝基氯　亚硝基硫酸晶体　硫酸

这些化学式说明了若干物质相互关联的方式。通过基团的取代，我们可以得到新的化学式。

1851年，威廉姆逊指出，这些基团因其具有与元素（如氢、氯）或基团结合的能力，还是具有取代元素（如氢、氯）或基团的能力而不同。例如乙基（C_2H_5）的自由基在化学上等于一个氢原子，这一点我们在将威廉姆逊建立的乙醚公式与普通乙醇的公式进行比较时可以得以验证：

$$\left.\begin{matrix}C_2H_5\\H\end{matrix}\right\}O\qquad \left.\begin{matrix}C_2H_5\\C_2H_5\end{matrix}\right\}O$$

乙醇　乙醚

磺酰，即 SO_2，在化学中相当于两个氢原子；奥德林提出磷酰相当于三个氢原子。因此，日拉尔提出根据各元素相应的氢置换能力，可以将这些原子和类似的基团被称为“单原子的”“双原子的”和“三原子的”。

弗兰克兰于1852年扩展了基团或复合自由基的原子固定或置换功能的思想，其中包含简单自由基（即元素）。在弗兰克兰发布有关有机金属化合物存在性的研究报告中，他指出：可以根据这些元素的结合力（或如其表示的“其最相符的亲合力”）对元素进行分类。库珀和凯库勒于1858年分别独立提出了这一思想；据说正是从那个时期起，人们开始将原子性、原子量或化合价的概念明确引入到化学理论中。

在李比希的《化学与药剂学年鉴》中的研究报告中，凯库勒发表了自己的观点；其中特别论述了碳的四价性和原子根据其化合价相互结合的理论。正如凯库勒阐述的，以及随后在著名教科书中拓展的那样，这一理论对碳化合物化学的发展产生了直接影响。就如各种富有成效的假说一样，该理论促进了人们对化学的探究；而且该理论应用得越多，该理论的启示性和实用性就越明显。化学式的应用范围得到极大拓伸。合理的化学式分为分解化学式和构成化学式。在构成化学式体系中，人们不断尝试说明分子是如何由原子组成的。有趣的是，由凯库勒学说发展而来的化学结构理论吸收了看似对立的类型理论和自由基理论中的合理内容。作为一种解释方式，凯库勒使用模型来说明化合物的亲合力（即化合价）。这些模型并非用来表示分子中原子的实际空间分布，但它们使人们熟悉了沃拉斯顿和贝采里乌斯率先清楚地提出的理论，这也是化学的终极目标。可能正是由于亲合力的实际使用或可视化使用，凯库勒在1865年提出了苯的构成理论。这一理论是在他关于芳香族化合物构成的论文中提出的，该理论的影响不亚于碳的四价性和原子关联性。范托夫也掌握了这样的模型，此类模型后被用来阐明光学特性和晶体结构之间的关联，并解释某些有机物质的异构性。

凯库勒认为元素的化合价或亲合力是一个确切、恒定的量。原子的这一基本性质与其原子量一样是不可变的。众多事实似乎表明事实并非如此。磷和氮有时是三价的，有时是五价的；锡在某些化合物中是二价的；而在其他化合物中是四价的。硫可为二价、四价或六价。我们可以看出，这些元素的化合价存在变化：该规律一度被认为是自然规律，弗兰克兰把这些元素分为两大类：（1）奇价元素（perissad），即化合价为奇数的元素；（2）偶价元素，即化合价为偶数的元素。实践表明，我们不可能在此基础上进行严格分类。许多情况下，一种元素的化合价可以为奇价，也可以为偶价。因此，氮（通常为一个奇价元素）在一氧化氮和气态过氧化氮中显然是一种偶价元素。罗斯科已经证明，铀和钨（最初被认为是偶价元素）构成了五氯化物。

目前我们尚不清楚同种元素会有不同的亲合力；也不明白为什么不同的元素的亲合力会出现差异。与原子的其他属性一样，化合价表现出周期性规律，该周期性规律与元素原子量有关；从五氟化磷、五溴化磷等类似化合物的属性来看，化合价也与化合物的原子量有关。此外，元素的亲合力表现得随温度而变化，即随赋予物质分子能量的变化而变化；各种实践表明，对一个元素加热，当其化合物的内能超过某一极限时，其原子的固定功能就会下降。原子的振动运动受温度差异影响，这是范托夫尝试根据原子形状对化合价进行力学解释。亥姆霍兹表示与原子相关的不同电荷可决定其的亲合力。也就是说，一价原子携带一个电荷，二价原子携带两个电荷，三价原子携带三个电荷。诸多研究表明，某个元素的化合价并非按大家所理解那样是不变的。化合价可以是一价、二价，甚至是三价。我们本认为元素已通过与其他元素化合使其具有饱和化合价，然而很明显，分子仍具有与其他分子化合的能力。许多看似饱和的分子具有与其他同样饱和的分子结合的能力。三氧化硫（SO_3）和一氧化钡（BaO）表现出化合的能力，但这些物质仍可以按合适的比例结合形成硫酸钡。

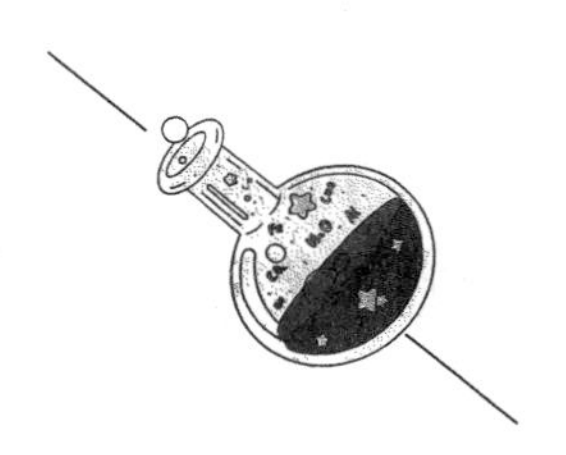

第八章
芳香族化合物化学

芳香族化合物的特性——凯库勒的苯理论——苯的应用、香精油、萜烯、樟脑——蝰蛇科植物的合成——七族香精的合成——生物碱

库珀和凯库勒提出应该根据化合物的属性和构成元素的亲合力而非其自由基来解释化合物属性，但他们的这些意见在最初提出时并未被完全接受。假设性的思想必须以事实为依据。假设的价值取决于其有效性和方便性，也取决于其对未来研究方向的引导能力。假设的归纳充分性和演绎的彻底性关乎个人判断。从纯粹理性的构成化学式到标示分子内部结构的化学式，这个化学式发展趋势受到许多人抵制，其中抵制最强烈的是科尔贝。

科尔贝对新学说的抵制，我们可以从他的科研成果中看出。科尔贝基于与凯库勒学说完全不同的思想对仲醇、叔醇的存在作出了伟大预测。这一预测不久后被弗里德耳和布特列洛夫证实。弗里德耳发现异丙醇，布特列洛夫分离出叔丁醇。这一预测推迟了人们对凯库勒学说的接受时间。显然，凯库勒的学说似乎并不比它要替代的学说更具有指导意义。但是正是科尔贝等人的研究促进了同分异构理论的发展，最终人们发现基于化合价的结构化学是最具价值的学说。我们曾经一度认为现在不仅可以预测异构体的存在，而且可以确定一种物质的异构体的数量，并在某种程度上预测异构体的性质和结构。例如，凯利基于现有理论计算了碳氢化合物通式 CH_4 至 C_6H_{14} 的异构体数量。各通式的异构体的数目都不超过理论数目。这些发现如此重要，最终为结构化学学说打下了坚实的基础。

凯库勒用其观点解释了香精油、香脂、树脂等从植物提取的物质的化学成分，这使得这一学说得到了极大发展。这些物质由于独特的气味被化学家前辈们统称为芳香化合物。其中，学者们已对苦杏仁油、安息香油、香豆素、冬青油、茴香油、肉桂油、孜然油、吐露香脂、苯酚及其某些衍生物（如苯、苯胺、水杨酸、肉桂酸、甲苯、异丙苯等）进行了研究，并取得了重要的理论成果。但是，与携带以甲基为代表的同源基团的有机物的衍生物相比，人们对芳香族化合物的研究还不够深入，芳香族化合物受到的关注要少得多。当然，根据苯甲酰的发现者李比希提出的学说，芳香族化合物也含有特定的自由基；但这些芳香族化合物在当时与我们现在称之为脂类化合物的化合物关系尚不明确，尽管当时人们发现了一些相似性。

凯库勒注意到芳香族化合物的以下显著特点：（1）所有芳香族化合物，即便是最简单的芳香族化合物，其碳含量都高于相应种类的脂类化合物（2）芳香族物质（脂类化合物也一样），存在许多同系化合物；（3）哪怕最简单的芳烃物质，也至少含有六个碳原子；（4）所有芳烃物质的分解产物都显示出该族化合物一定的相似性；分解得到的主要产物至少含有六个碳原子，如苯 C_6H_6、苯酚 C_6H_6O 等。这些产物表明所有芳烃物质都含有一个包含六个碳原子的原子团。在该原子团内，碳原子之间连结紧密，所有芳香族化合物的碳含量相对丰富。根据同样适用于脂类化合物的定律，我们可将更多碳原子添加该原子核中。这样就可以解释同系化合物的存在。

在假设碳为四价且其化合价恒定的前提之下，凯库勒展示了如何通过间隔的单键和双键将六个碳原子连接在一起，从而使六个亲合键（化学键）处于游离状态。如果我们假设六个碳原子按照该对称定律彼此相连，可以得到一个名为开链的基团，该基团包含八个不饱和的亲合键：

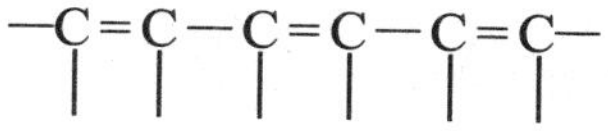

$$
\begin{array}{c}
-\mathrm{C}=\mathrm{C}-\mathrm{C}=\mathrm{C}-\mathrm{C}=\mathrm{C}- \\
\ \ |\quad\ \ |\quad\ \ |\quad\ \ |\quad\ \ |\quad\ \ |
\end{array}
$$

进一步假设通过每一个亲合键将链条末端的两个碳原子连接在一起，可以得到一个包含六个不饱和亲合键的封闭链（对称环）：

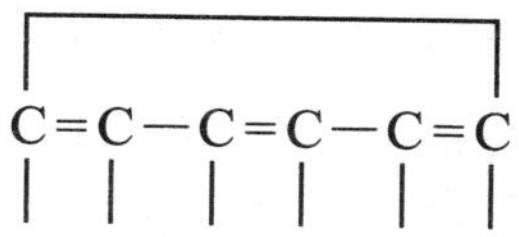

$$
\begin{array}{c}
\overline{\ } \\
\mathrm{C}=\mathrm{C}-\mathrm{C}=\mathrm{C}-\mathrm{C}=\mathrm{C} \\
|\quad\ \ |\quad\ \ |\quad\ \ |\quad\ \ |\quad\ \ |
\end{array}
$$

所有通常被称为“芳香化合物”的物质，都是从这个封闭链中衍生出来的。可以假定这些芳香化合物有一个共同的原子团：该原子团具有闭合链 C_6A_6，其中 A 表示不饱和亲合键。该原子团的六个亲合键可以通过连接六个单价元素达到饱和，也可以通过连接六个多价元素达到饱和。在这种情况下，多价元素必然会将其他原子引入化合物中，这势必导致一条或多条侧链的产生，而这些侧链又可以通过添加其他原子得以延长。

正如凯库勒所证明的那样，如果每个游离键都由一个氢原子实现饱和，我们可以得到苯。1825 年法拉第在波特波天然气公司生产的油气中发现了苯。苯曾在化学理论的发展中发挥了重要作用，这与发现异构现象有关。现在，苯扮演着更重要的角色：事实上，苯是一系列物质产生的源头，不仅具有理论价值，而且具有重大的经济意义。

由于本书篇幅有限，我们无法详细探讨一些促进凯库勒对科学做出贡献的理念的发展过程，也无法详述过去四十年中苯类化合物研究的巨大发展。有人说，凯库勒关于苯的理论的研究是整个有机化学领域最杰出的科学预言。当然，凯库勒的苯理论自公布后，也必须经受批评的考验；一支由热心、积极的研究者组成的队伍很快就开始验证苯理论的充分性，并发展苯理论。随着研究的增多，杜瓦、拉登堡和克劳斯提出了其他静态公式，但这些公式并不足以解释事实，也不好理解。观察到的似乎与凯库勒的理论相矛盾，或用凯库勒的苯理论解释得不够完美的结果，最终随着人们对苯的了解增加现在似乎可以用凯库勒的苯理论解释了。这些新出现的观察结果巩固了凯库勒的苯理论的地位。凯库勒的苯理论就如同其他重要假说一样，一项最基本特征就是发展能力。该理论充分解释了大量衍生物的构成；没有该理论，这些衍生物的关系将一直令人困惑。拉登堡等研究人员的独立研究并确立了凯库勒间接假设的苯分子中碳和氢原子呈对称分布，贝耶尔和珀金证明了苯分子的环结构。人们可利用基于苯的热化学和光学特性的证据作为其引证。对苯化合物的分子体积和磁旋转的测定进一步推进了对苯分子的环结构的验证。

◎奥古斯特·凯库勒

奥古斯特·凯库勒，1829 年 9 月 7 日生于达姆施塔特。在家乡的高中完成学习后，凯库勒抱着成为一名建筑师的理想于 1847 年考入了吉森大学。他受到李比希教学的吸引，将兴趣转向化学，和威尔一起对戊基硫酸及其盐类进行了研究。1851 年，凯库勒前往巴黎，听了杜马的演讲，并与日拉尔结下了友谊，日拉尔的

《有价化学手册》（*Traité de Chimie Organique*）在很大程度上塑造了凯库勒的观点。凯库勒成为冯·普兰塔的助手，专攻生物碱。此后，凯库勒来到伦敦，在斯坦豪斯手下工作，结识了威廉姆逊。他全身心地投入到科学活动中，在这里他发现了硫代乙酸。也正是此时，凯库勒关于结构化学的思想开始形成。回到德国后，凯库勒就职于海德堡大学，成为一名无薪讲师，并聘请了一位名叫贝耶尔的学生从事有机砷化物的研究。1858 年，凯库勒发表了一篇伟大的论文《论化合物的构成、异构及论碳的化学性质》。在这篇论文中，他提出了化学键的概念，并由此拓展了我们现有结构式的体系。这份著名研究报告的直接影响就是凯库成为根特大学的化学主任。在那里凯库勒邂逅了其他学生贝耶尔、赫布纳、科尔纳、拉登堡、林内曼和杜瓦。凯库勒在那里工作了九年，出版了他的经典著作《有机化学教程》。凯库勒在根特度过的时光是他职业生涯的顶峰时刻，正是在那里，凯库勒进一步研究了苯理论——这一理论与他的化学键学说一样硕果累累。1867 年，凯库勒被调到波恩，担任霍夫曼设计的新建实验室负责人。凯库勒继续进行研究，主要与他的学生合作，其中可能包括安舒尔茨、伯恩森、索普、卡内利、克莱森、迪特玛、弗朗西蒙特、范托夫、贾普、舒尔茨、华莱士和辛克。凯库勒在 1876 年开始出现健康问题，并于 1896 年 7 月 13 日去世。

当然，没有一个静态表达式可以作为苯的最终表达式。无论这样的表达式多么方便，多么具有指示性，它在苯的化学和物理历史中只是个过渡阶段。凯库勒很早就清楚了这一事实，并提出了一个基于化合价力学概念的动力学假说。他认为这可能代表振动原子在时间单位内与其他原子接触的次数。四价碳原子将经历四次振荡，单链碳原子在单位时间内撞击一次碳原子，三次其他原子，而一价氢原子只作一次振荡。双链碳原子将与相邻的两个碳原子碰撞两次，并在同一时间内与另外两个原子发生碰撞。但碳原子的运动速度快于氢原子的假设是不符合动力学理论的。诺尔和柯莱提出了其他动力学公式。柯莱和贝利进一步指出，观测到的苯吸收带位于光谱中的紫外区，这说明了苯分子存在同步震荡。碳原子间的化学键不断地形成和断开会导致苯分子的同步震荡。这种同步震荡说明具有弹性的苯环不断收缩和膨胀。

包括松节油在内的精油的主要成分为萜烯，从其来源和发生方式来看，在结构上可能与芳香化合物相符；事实就是如此。萜烯为化学式 $C_{10}H_{16}$ 的异构烃。芳香化合物有时单独存在，有时混合存在于多种植物中，与倍半萜 $C_{15}H_{24}$ 和氧化物质（如樟脑、冰片、薄荷醇等）伴生。其中一些因其药用特性和技术应用而长期为世人所知晓和重视。在过去三十年里，芳香化合物的结构让许多研究学者疲于应付；多亏了华莱士、贝耶尔、珀金、蒂曼、布雷特、科姆帕尔等研究者的辛勤奉献，人们对芳香化合物的性质有了深刻的认识。芳香化合物表现为具有某些属性的环状化合物，这些属性将这些物质与脂肪族碳氢化合物关联起来。松节油的特征成分是蒎烯，由多种松树的树脂渗出物蒸馏而成。蒎烯有两种不同的结构，其区别在于光活性不同，分别称为不同的蒎，见于美国、俄罗斯和瑞典松节油中（主要见于法国松节油中）。从芳香化合物的实验式以及其在性质上的关联来看，杜马首先证明了成分为 $C_{10}H_{16}O$ 的萜烯和樟脑在结构上应该紧密关联，而且应该很容易就能实现萜烯和樟脑之间的相互转化。樟脑的构成是有机化学长期存在的问题之一。近二十年来，人们在不同时期对樟脑的结构做出了数十种解释。似乎可以通过樟脑生成甲苯、聚烯烃和其他苯同系物的过程轻易地证明樟脑含有一个苯原子核的事实。当布雷特确定了某一产物——即将樟脑三酸的成分 $C_6H_{11}(CO_2H)_4$——与其发现樟脑氧化物樟脑酸分解为三甲基琥珀酸和异丁酸，从而对其结构有了第一次真正的了解，珀金和 J.F. 索普确定樟脑结构。

日本对樟脑的垄断导致天然樟脑的价格大大提高；在过去十年间[①]，樟脑的价格几乎翻了两番。在这种情况下，人们自然会加快尝试通过合成的方法制备这

① 指 1891 年至 1901 年十年间

种物质。目前，以蒎烯制成的人工樟脑，在盐酸的作用下可以将碳氢化合物转化为氯化冰片。经冰醋酸处理后的氯化冰片可产生醋酸异冰片酯，由此可制备莰烯。在水解后，将莰烯转化为异冰片，氧化后将生成樟脑。与自然产生樟脑的不同之处在于，人工樟脑在光学上是不活跃的。所有所谓的芳香化合物不一定都是环状体系，因为在过去几年中，研究人员已经认识到一些最贵重的天然香水，如玫瑰香水、薰衣草香水、香橙花香水、柠檬草香水、天竺葵香水、依兰香水、橙花香水等其特有的香气来源于萜烯和樟脑。萜烯和樟脑不是严格意义上的苯类或环状化合物，而是表现为开链或脂肪族物质的“断裂环”。从过去的经验来看，我们可以肯定地说，现在人们对这些物质的组成已经有了一定的了解，可按照工业规模合成制备萜烯和樟脑。1844 年卡霍尔斯发现冬青油实质上是水杨酸甲酯，促进了人工合成水杨酸的生产。威廉 · 珀金爵士于 1868 年合成了香豆素，该物质是在木屑和干草中的芳香成分。菲蒂希和米尔克于 1869 年合成了胡椒醛（洋茉莉醛），蒂曼和哈曼于 1871 年通过合成方法获得了香子兰中特有的芳香体香草醛，并确立了香草醛商业规模的生产。现已确定小茴香、大茴香、芸香、肉桂、向日葵、茉莉、紫罗兰、欧芹等植物油中特有气味物质的化学性质，部分已进行工业化生产。紫罗兰的人工精华名为紫罗兰酮，由蒂曼于 1893 年制备，现在已进行商业化生产。紫罗兰酮的结构与真正的香水鸢尾酮相似但不完全相同。人造麝香是一种三硝基丁基甲苯。人造橙花油是一种邻氨基苯甲酸甲酯。

第一卷中简要介绍了名为生物碱的一大类从植物提取的重要产物的早期历史。由于生物碱具有强大的生理作用，其中许多产物长期以来一直备受重视。由于上述植物都含氮，且通常为碱性，贝采里乌斯认定其（随后由李比希和霍夫曼确认）在组成上类似于氨，并归类为胺。日拉尔获得了生物碱属性的第一组实验证据；他发现，当用钾盐处理士的宁和某些奎宁类生物碱时，得到了一种油，他称之为喹啉，霍夫曼认为这种油与 1834 年伦格从煤焦油中获得的物质是同种物质。自从在煤焦油中发现了吡啶后，安德森于 1846 年发现蒸馏骨头产生的恶臭液体的主要成分为吡啶。某些生物碱（如尼古丁和毒芹碱）会产生这种物质；其他生物碱（如罂粟碱、麻醉剂等）则会产生异喹啉。1885年，霍格沃尔夫和冯·多普发现异喹啉是一种同样出现在煤焦油中的油。喹啉、异喹啉和吡啶这三种物质是许多生物碱的重要构成部分。与苯相似，萘是一种环状化合物，由五个碳原子和一个氮原子组成。喹啉与吡啶的关系和萘与苯的关系基本相同。柯尼希斯和斯克劳普首先合成得到了萘，德布纳和冯·米勒随后从苯衍生物中合成得到了萘。

喹啉的同分异构体异喹啉的氮原子位置与喹啉不同。异喹啉也是由苯衍生物以某种方式合成的。

天然存在的吡啶类生物碱可称为胡椒碱，人们在黑胡椒中发现了它们的存在。人们在毒堇中发现了有毒的毒芹碱。1886年，拉登堡合成了毒芹碱。天然的毒芹碱是右旋分子，具有光学活性。拉登堡最初合成的产物并非真正的毒芹碱。拉登堡推测该产物与毒芹碱的关系就如同外消旋酒石酸与内消旋酒石酸的关系。用巴斯德所使用过的方法[①]，最初合成的产物分离出左旋分子化合物和右旋分子化合物。他发现左旋分子化合物比天然毒芹碱更具光学活性。事实上，毒芹碱的左旋体在加热到300℃后会变为正常的毒芹碱，与天然毒芹碱性质完全一致。拉登堡还通过浓缩哌啶和哌啶酸合成了哌啶。

1828年，波塞尔特和莱曼发现了烟草中的生物碱——尼古丁。皮纳最先确认了尼古丁的构成。1904年埃麦·皮克泰合成了尼古丁。作为一种非活性物质，皮克泰合成的“尼古丁”产物可以通过溶解并形成酒石酸盐结晶体的方式分离出右旋体和左旋体。左旋体与在烟叶中发现的成分相同。

阿托品和莨菪碱，为同分异构生物碱。颠茄和莨菪因为它们的存在而变得有毒。阿托品不具有光学活性，莨菪碱则为左旋结构。阿托品实际上为外消旋体。

① 巴斯德用镊子将显微镜下的消旋酸和酒石酸分离开来。——编者注

我们现在已经知道这两种生物碱的构成，也有能力合成这两种生物碱。

可由此列出：

1. 合成甘油（法拉第、科尔贝、梅尔森斯、博勒哈夫、弗里德尔和席尔瓦）。

2. 甘油－戊二酸（贝特洛和德·卢卡、卡霍尔斯和霍夫曼、厄伦美厄、雷曼脱夫和马尔科夫尼科夫）。

3. 戊二酸－次甾酮（布朗和沃克、布森戈）。

4. 副甾体－托匹定（维尔施泰特）。

5. 托品定－托品碱（维尔施泰特、拉登堡）。

6. 合成托品酸（贝特洛、菲蒂希和托伦、弗里德耳、拉登堡和鲁格海默）。

7. 托品、托品酸：阿托品（拉登堡）。

尼曼于 1860 年在古柯叶中发现了一种生物碱可卡因，该物质现在用作局部麻醉剂。可卡因与阿托品在结构上有密切联系，可卡因现由右旋糖酐改性合成。

鸦片中所含的生物碱罂粟碱、那可汀、那碎因碱是异喹啉的衍生物，也称为小檗碱，可见于常规伏牛花（小檗）。罂粟碱在鸦片中的含量约为 1%，1848 年，默克公司首次分离出了罂粟碱。戈德施密特最先确定了其构成。那可汀是鸦片中除吗啡外含量最多的成分。对那可汀水解和氧化的产物——鸦片酸和可他宁的研究说明了那可汀可能的结构。那碎因碱与那可汀有密切关联。将那可汀生物碱与碘化甲酯化合，并用苛性钾处理该化合物，我们可从中获得那碎因碱。小檗碱是为数不多的几种已知彩色植物生物碱之一。珀金计算出了小檗碱的构成。迄今为止，人们尚未知晓鸦片中最重要、占比最大的成分——吗啡及其同系物可待因和蒂巴因确切的结构。而格里莫克斯在 1881 年用碘化甲酯和钾盐将吗啡转化为了可待因；因此，这两种生物碱的关系与那碎因碱与那可汀的关系有些相似。毫无疑问，这三种生物碱具有非常密切的关系，了解其中一种生物碱的结构可立即弄清楚其他生物碱的结构。这些生物碱可能是菲的衍生物。

金鸡纳生物碱中最重要的两种成分——奎宁和辛可宁均为喹啉类化合物，它们在结构上有密切关联。但到目前为止，我们为了弄清楚它们的结构做了各种尝试，都未得到确切结果。

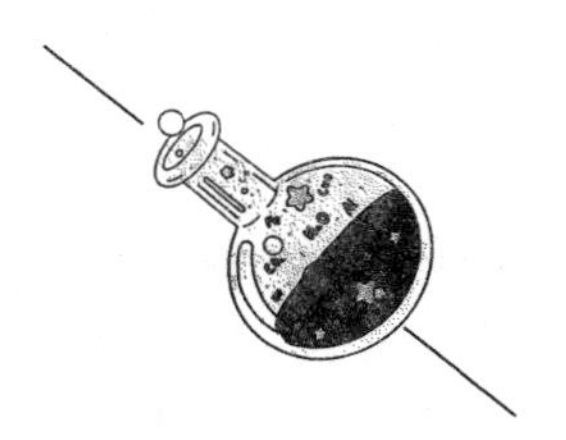

第九章
立体异构：立体化学

旋光性：毕奥、米切利希、巴斯德、威利森努斯、范托夫、勒贝尔——非对称——外消旋作用——变旋光——几何异构——几何转位；氮、硫、硒、锡和硅化合物之间的立体异构——互变异构——空间位阻

毕奥有关光偏振的研究是人类最早对研究分子团内部结构的研究。1815年，马吕斯的学生毕奥发现许多天然有机化合物（如糖、酒石酸、松节油、樟脑等）均具有光学活性。以前人们曾在石英中观察到了这种属性，认为该属性与这种物质的晶体性质有关。但毕奥指出，通过研究液体松节油和其他物质的溶液，我们知道这种现象与晶体性质没有必然联系，这种现象取决于光学活性物质的分子排列。

1844年，米切利希首先证明了分子构成与晶体形态之间的关系，他注意到贝泽利乌斯研究的酒石酸异构体的盐虽然具有相同的化学成分、晶体形态、角度、双折射以及由此形成的光轴之间的角度，但在其光学活性、酒石酸盐溶液旋转偏振平面方面表现出了极大的不同，而外消旋体的溶液的光学活性并不活跃。1848年，这一惊人发现引起了路易斯・巴斯德的关注。路易斯是一位年轻人，刚刚在巴黎高等师范学院完成了学业，并做了溴元素发现者巴拉德的助手。巴斯德在检查这两种酒石酸及其盐类的晶体时，发现一些晶体上存在半面晶面，这种半面晶面与哈伊在石英晶体上发现的晶面类似。实际上，哈伊根据晶面将石英晶体分为右旋和左旋两类。这两种晶体被称为对映体。此外，毕奥还发现，一些平行于轴切割的石英晶体将使极化平面向右旋转，而另一些则将其向左旋转；赫歇尔认为这些现象可能是相互关联的，事实亦是如此。

巴斯德关注着赫歇尔的研究，他发现某些光学活性酒石酸盐的晶体具有半面体的形状，而相应的外消旋体则并未显示出半面体属性。然而，在外消旋体再结晶时，注意到两组晶体产生了对映体形式；第一组晶体在右侧呈现出半面结构，第二组晶体在左侧呈现半面体结构。事实上，这两组晶体的形状极具相关性，它们互为镜像。在对这些晶体的溶液进行检查时，发现了一组晶体向右旋转，另一组则向左等角度旋转。右旋盐可产生普通酒石酸；相应左旋酸为一种当时的改性物：两者以相等比例一起构成了外消旋酸。

1863 年，威利森努斯出版了一本关于乳酸合成的优秀研究报告。舍勒于 1780 年发现了酸牛奶中的酸。1807 年，贝采里乌斯在肉汁中发现了一种类似的酸，称为肌乳酸；李比希错误地认为，这种酸与酸奶中的酸相同。已公布的其他形式的乳酸，其结构特征不能用当时的假设来解释。威利森努斯的结论是，乳酸的差异可能仅仅是由于其在空间中的原子排列不同所致的。

1874 年，范托夫和勒贝尔两份研究报告的出版使原子分组理论得到了极大进展，这两份研究报告将分子结构与光学活性联系起来。通过将关注点集中在碳化合物上，范托夫和列贝尔推断所有光学活性物质至少有一个多价原子与其他原子或基团结合，从而在空间中呈非对称排列。范托夫认为碳原子处于四面体中心，其价态指向四面体的顶点。如果不同分组与这些顶点相连，则结构是非对称的，且具有光学活性。例如，这两种形式的乳酸可以用以下空间公式来表示：

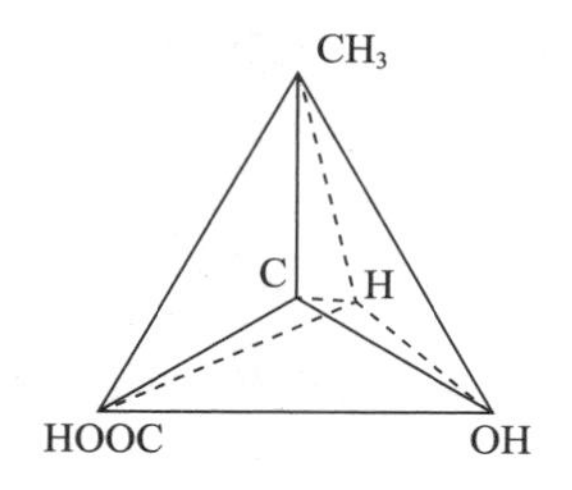

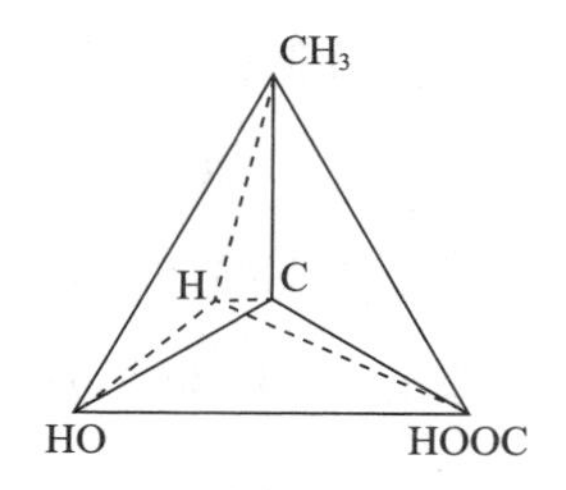

从这些图形的外观可以看出，一个是另一个的镜像；不管如何转动这些图形，均不可叠加；这些图形为左旋图形和右旋图形，或者用术语说，是对映体。

关于非对称性对光学特性的影响，范托夫和勒贝尔的假设在本质上没有区别。勒贝尔认为非对称效应仅仅是四个不同基团存在的必然结果，与分子的化合价和几何形式无关。

◎雅各布斯·亨里克斯·范托夫

巴斯德推测，溶液中每种显示光学活性的液体或固体（如液体或固体可结晶）都表现为半面体，但该理论还没有得到普遍验证。此外，溶液中的光学活性物质在固态时并非总表现为半面体。最后，即使在非对称的碳化合物中（如在外消旋酸中），右旋或左旋改性物以相同比例存在，其光学活性也可能是隐约存在的。事实上，这些化合物被称为“外消旋体”；可以通过结晶分离上述物质，如巴斯德分离酒石酸盐的方法或如他所示的通过外消旋体对另一种光学活性物质的作用；或最后利用生物的特殊作用（特殊同化——即巴斯德所称的生化方法）分离上述化合物。

一个非常有趣的生理现象是：动物有机体相关的对映体行为往往存在明显差异。研究发现给豚鼠服用左旋酒石酸的毒性是右旋酒石酸的两倍；右旋天冬酰胺有甜味，但左旋天冬酰胺无味；左旋尼古丁的毒性比右旋尼古丁的高。

研究发现被称为酶的酵素也有选择能力，面对同一物质不同的光学活性改性物时有不同表现。学者们经常观察到光学活性物质可以通过将物质转化为其对映体而失去活性。巴斯德首先完成了这项实验，一些光学活性物质在高压高温条件下失去光学活性。事实上，偶尔也能观察到这种物质在常温下（自动产生外消旋作用）失去光学活性。

研究人员发现光学活性物质的衍生物依然具有物质光学活性。实际上，可以通过这种方法将一种对映体转化成另一种对映体。因此，通过硫酸处理，我们能够将左旋薄荷醇转化为右旋改性物。

一种物质的旋光功能往往因其溶剂的性质改变，并随着溶液的温度和浓度变化。朗道耳特和奥德曼斯发现酒石酸盐和活性生物碱盐稀溶液的比旋光度与碱和酸的属性均无关，这一现象在电离解理论中得到了解释。人们早已经知道某些糖溶液的比旋光度随时间变化而变化，有时比初始量少，有时比初始量多。现在这种现象被称为多旋光或变旋光。旋光度的表现与分子结构的改变有关。

有一种特殊异构形成（我们一直单独关注着）是立体异构；不同于光学异构和结构异构，范托夫在 1877 年发表的著作《空间化学》中预言了该结构，成为首次正式对攻克空间分子分组问题的认真尝试。沃拉斯顿、贝采里乌斯，实际上所有接受原子理论的早期哲学思想家都对该理论进行了预测。韦斯立森努斯特别对现在所谓的立体异构特殊结构进行了研究，称之为几何异构体。或许这个术语的描述并不充分，因为，总体上来说，所有的同分异构形式都是几何上异构体。我们在某些脂肪、肉桂酸、二苯乙烯及其衍生物中发现了以甘油酯形式存在的同分异构酸，可以作为几何上的异构体的例证。人们最初发现马来酸和富马酸是一对立体异构体，其实验式为 $C_2H_2(COOH)_2$，这两种酸最初是通过苹果酸蒸馏获得。苹果酸是苹果和其他水果以及某些其他植物产品中的特征性酸。这些酸可以用下列化学式表示：

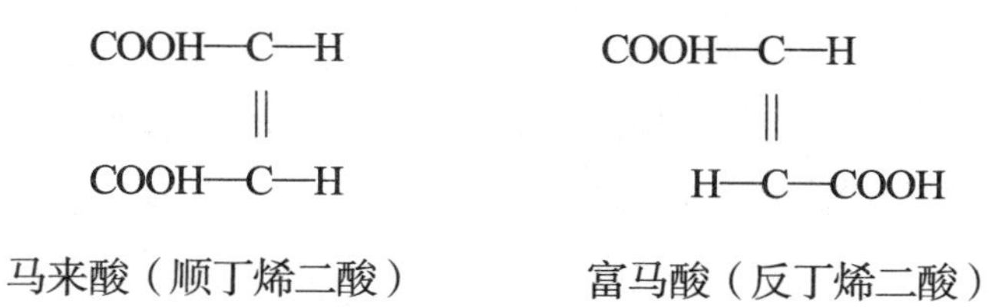

马来酸（顺丁烯二酸）　　富马酸（反丁烯二酸）

上述化学式表明两种酸的结构是对称的，因此没有光学活性或对映改性物存在的可能。

在马来酸（顺丁烯二酸）中，可以注意到分子的同一侧呈现出相同的基团（COOH 或 H）；换言之，这些基团在一个平面上对称分布，而在富马酸（反丁烯二酸）中，这些基团按对角线或轴对称分布。第一种情况下的同分异构体分为顺式，而第二种异构体则称为反式。

一般而言，相关物质几乎可轻易相互转换；这些物质容易受到所谓几何转位的影响。因此，可以通过加热轻易地将富马酸转化为顺丁烯二酸；顺丁烯二酸在常温下逐渐转化为了氯化物顺丁烯二酸。太阳光、特定的溶剂或某种存在作为催化剂的物质可能会影响转化。环状化合物、萜烯以及某些生物碱（如可卡因）也都存在顺式和反式的异构体。

尽管最初我们是基于含碳的结构体提出立体化学理论的，一段时间内该理论确实仅限于以碳作为核心元素的化合物，但没有一个理由可以解释限制这种现象的原因。实际上，范托夫在 1878 年就论述了与氮化合物相关的问题。立体异构氮的衍生物最早由维克托・迈耶和其学生们获得，后续实践证明氮的立体化学结构是一个成果颇丰的研究领域，特别是戈德施密特、贝克曼、汉茨奇和沃纳、勒贝尔、拉登堡、班伯格、基平、赫・欧・琼斯、波普等人的研究。氮的立体化学结构与碳的不同，因为在含氮的情况下，化合价的变化比在含碳的情况下观察到的要重要得多；三价氮原子的空间表征不同于五价氮原子。勒贝尔于 1891 年成功利用巴斯德的生化方法获得了一种光学活性氮的对映体。此后，波普、皮奇和赫·欧·琼斯共同制备了具有光学活性的化合物。蒲柏和皮奇还制备了具有光学活性的硫、硒和锡化合物；基平获得了一种非对称的硅化合物。

1863 年，高特、弗兰克兰和杜帕分别独立发现了醋酸乙酯的存在。高特称这种化合物为乙基二乙酸——

$$CH_3C(OH){:}\ CHCOOC_2H_5$$

弗兰克兰和杜帕认为它是酮羧酸，

$$CH_3COCH_2COOC_2H_5$$

正如这两个名称所示，上述分子式的本质区别在于第一个分子式暗示酯具有酸性或羟基特征（由其产生特征性的盐可以证明）；另一个分子式暗示酯含有基团 CO（由其生成丙酮和酮的常规反应可以证明）。对确定这种物质构成的尝试引起了极大争议，而且，由于研究发现这种物质很活泼，引发了大量相互冲突的实验研究。最终结果表明这两个公式均正确：在反应时，酯有时为羟基，有时为酮，有时表现为烯醇构造（采用布吕尔的术语），有时表现为由酮构成。后来，人们确认了其他物质也有同样的特性。1885 年，拉尔研究了这个问题，他提出了互变异构（ταὐτό，相同；μέρος，部分）这个术语来表示这样一个理论，即同一种物质的结构分子式可能会随着反应条件和某些原子在分子中的迁移而变化。在过去 20 年间，人们发现了大量类似的例子。这些结构不仅存在于脂肪族物质中，而且存在于环状和杂环化合物中。我们了解到通过分子中任何元素或基团的迁移可以产生此类分子间的改变。因此，我们局限于简单而普遍的例子中，科尔贝发现：苯碳酸钠转化为水杨酸钠的过程是氢原子从苯残留物向氧原子移动的结果，因此：

$$C_6H_5OCOONa \rightarrow C_6H_4 < \begin{matrix} OH \\ COONa \end{matrix}$$

通过加热将腈类转化为氰化物是烷基自由基从氮原子转移到碳原子的结果——

$$RNC \rightarrow NCR$$

烷基也可以从氧原子转移到氮原子；自由基可以从碳原子上分离、转移到氮原子；环状化合物中的自由基可以从侧链转移到原子核，等等。

实际上，现在这一现象极为普遍，以至于人们对从物质分解产物的研究中或从其衍生物性质中推断出的物质分子式均值产生了严重怀疑，原因在于互变异构随时都有可能发生。这种变化可能是由于温度的变化、试剂本身的变化、溶剂的作用或催化剂的存在而引起的，而催化剂显然是不参与变质的物质。因此，由于结果可能是模棱两可的，作为构成要素的特定试剂价值被极大地削弱了。可喜的是，近年来物理方法的广泛应用极大地强化了我们了解分子结构的手段；布吕尔对折射和色散的研究、铂金对磁旋转的研究、汉茨奇对导电性的研究、洛瑞对溶解度的研究、洛瑞和亨利·爱德华·阿姆斯特朗对光学活性的研究、诺尔和芬德利对熔点的研究以及哈脱莱、多比、兰黛、贝利和德施关于吸收光谱的研究为研究基于动力学的异构体变化机制提供了宝贵的资料。

受篇幅限制，无法对立体化学这门学科以及与立体化学有关的某些问题（例如，需忽略位阻项下分类的现象）做进一步拓展。位阻这一术语指的是某些基团或某些原子在空间中的特定分布对反应的进行或程度产生的阻碍，例如水解或酯化等位阻。特殊基团在延缓化学变化方面的作用显然已被充分证实，但该课题尚未有一个全面的理论。在该理论诞生前，立体化学的动力学理论尚不完整。

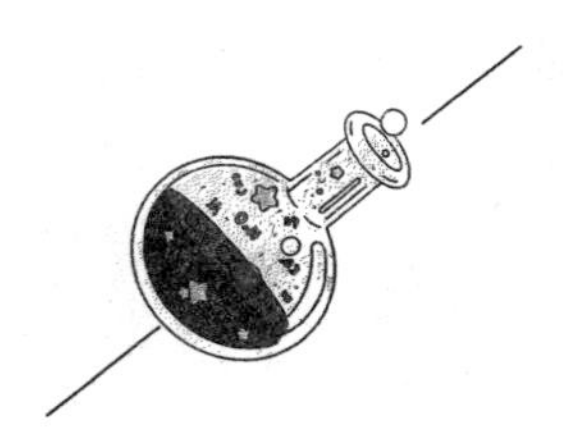

第十章
有机合成：缩合：重要产物的合成

特定的缩合试剂的使用——三氧化二碳——天然产生物质的人工制备——合成药物——尸碱——人工茜素——靛蓝——糖和蛋白质：埃米尔·费舍尔——“生命力”理论

从广义上来说，有机化学领域中所使用的术语“合成”指碳化合物的合成。该术语曾一度仅指无机物合成有机物；但后来，合成在很大程度上含义扩大了。同时，人们尝试用特殊术语来表示某一类合成反应。因此，由两个分子（此为特例），或者现在可能以两个以上分子化合为有机化合物的过程被称为缩合。

有机化学在很大程度上是通过不断发现特殊试剂和特殊反应类型发展起来的。这些反应已显示出了广泛的应用。例如，弗兰克兰于1852年发现的锌乙基是第一个有机金属化合物，是若干具有重大理论意义和实用价值的物质类型，因为这些物质具有反应能力。这些物质促进了仲醇和叔醇以及酮的合成。若干年后，伍兹印证了金属钠作为缩合剂的用途，并为此提出了利用碘乙烷制备丁烷烃的方法：

$$2C_2H_5I+Na_2=C_4H_{10}+2NaI$$

菲蒂希于1863年使用了钠、烷基碘、溴苯合成苯的同系物：

$$C_6H_5Br+CH_3I+Na_2=C_6H_5.CH_3+NaI+NaBr.$$

凯库勒于1866年使用钠、二氧化碳、溴苯合成了苯甲酸：

$$C_6H_5Br+CO_2+Na_2=C_6H_5COONa+NaBr$$

主要得益于桑萨特对冶金学的贡献，镁的生产变得很容易。1899年，巴比尔建议用镁代替锌试剂[①]。格利雅在1900年制备了现在用作试剂、具有特殊结构的镁化合物，并以格利雅的名字命名。在溶解金属镁后，通过烷基碘或溴化物与镁接触生成的乙醚溶液，我们可以获得碘甲烷，

$$MgCH_3I(C_2H_5)_2O$$

格氏试剂表现出了出色的反应性，大量缩合物碳氢化合物、醇类、醛类、酸类、酮类、酰胺类和添加剂化合物均受到了格氏试剂的影响。

包含亚铁盐（芬顿试剂）、氧化氢、氨和各种胺的其他有价值的缩合试剂包括乙酰乙酸酯、汞齐钠、磺胺、乙醇钠、硫酸二甲酯、氯化锌、氯化铝、熔融苛性钾、氯化氢、苯肼。这些试剂的应用促进了许多新化合物的发现，这些化合物的发现方式有助于阐明其构成。

大部分有机物的合成，特别是由无机材料合成有机物，都是通过简单的分子缩合成复杂的分子完成的。我们可以看到一个反应方向相反的有趣案例，那就是由丙二酰生成 C_3O_2 的反应过程。不过，最方便的 C_3O_2 制备方法是在真空条件下，丙二酸在磷氧化物的作用下分解生成 C_3O_2，或者用锌处理二溴甲基氯的乙醚溶液：

$$（1）\ CH_2<\begin{matrix}COOH\\COOH\end{matrix}=2H_2O+C\begin{matrix}\nearrow CO\\ \searrow CO\end{matrix}$$

$$（2）\ CBr_2（COC1）_2+Zn_2=ZnC1_2+ZnBr_2+C\begin{matrix}\nearrow CO\\ \searrow CO\end{matrix}$$

二氧化三碳是一种无色、极易流动、易折射、的有毒液体，具有强烈且奇特的

---

① 巴比尔建议用镁代替锌试剂，以克服锌试剂易燃的缺点。——编者注

气味。该物质在7℃条件下会沸腾，在−107℃条件下会凝固，其相对密度为1.11[①]。二氧化三碳只在低温下保持稳定；在一定温度下聚合成红色固体，溶于水，形成曙红色溶液。二氧化三碳易燃，燃烧带有蓝色但有烟的火焰：$C_3O_2+2O_2=3CO_2$。二氧化三碳沸点低，分子折射和分散值高，与金属羰基化合物和酮类的普遍相似性。这些特征表明，这种著名的碳氧化物多半是丙二酸的酸酐。的确可通过水作用于二氧化三碳，将二氧化三碳转化为丙二酸。

从原理和化学操作角度看，生物体合成的产物与人类使用有机基团合成的产物没有任何区别。人们不再会对有机物的人工合成产生特别的兴趣，甚至惊讶。过去认为只能由生物体（无论动物还是植物）合成的有机物，前文有所提及。这些有机物的合成构成了化学史发展的一个阶段，它无疑对科学理论及科学思想长生深远影响。我将有机物的人工合成的相关内容作为本章的一个小节放入本章中以方便读者阅读。在过去的五六十年间，化学家们获得了合成生物体体内活性物质和特征性物质的方法。化学家们合成了过去认为仅能在生物体内合成的有机物。化学家们制备了过去一度认为只能在生物体去世后才能在腐败的组织中生成的化合物。

自从维勒划时代的可以通过多步反应合成尿素的发现开始，雷诺和纳塔松通过氨作用于碳酰氯合成尿素；巴萨罗和德克斯特使用氨基甲酸铵合成尿素。这些物质都可以直接或间接地由其构成元素获得，也可通过水解氰酸铅获得：

$$Pb(CNO)_2+2H_2O=PbCO_3+CO(NH_2)_2$$

按照此法获得的使用无机物合成尿素的步骤为：

$$K+C+N\rightarrow KCN\rightarrow KCNO$$
$$\rightarrow Pb(CNO)_2\rightarrow CO(NH_2)_2$$

与尿素相关的代谢产物为尿酸、黄嘌呤和次黄嘌呤。尿素首先由侯巴祖斯

① 原文确实如此，现代科学表明二氧化三碳的沸点为6.8℃，熔点为−111.3℃，0℃时的相对密度为1.114。——编者注

基人工转化为尿酸，贝伦德和罗森成功合成尿酸。可可碱和咖啡因与上述物质在化学构成上密切相关，人们分别从南美植物瓜拿纳（巴西香可可）、中非可乐果（可可树的果实）中提取出了可可、咖啡、茶、马岱茶（巴拉圭茶椰）的特殊成分；1860年，斯特雷克提出了可可碱转化为咖啡因的方法；而埃米尔·费舍尔通过类似方法将黄嘌呤转化为可可碱。此后，人们掌握了黄嘌呤的人工合成方法。通过科学家们的不懈努力，人们找到了由相关元素直接合成咖啡因的方法，具体如下：

1. 碳和氧生成一氧化碳——普里斯特利和克鲁克汉克。

2. 一氧化碳和氯生成氯化碳——杰·戴维。

3. 羰基氯和氨水生成尿素——纳塔松。

4. 尿素生成尿酸——侯巴祖斯基；贝伦德和罗森。

5. 尿酸生成黄嘌呤——埃米尔·费舍尔。

6. 黄嘌呤生成可可碱——斯特雷克。

7. 可可碱生成咖啡因——埃米尔·费舍尔。

现在，人们可以大规模生产合成可可碱；可可碱与乙酸钠结合为苏打化合物，人们将名为阿古林（乙酸可可碱）的物质作为利尿剂引入到医药领域。人造咖啡因可以由尿酸批量生产而来，甲基黄嘌呤为中间体。黄嘌呤与尿酸的密切关系具有重大的生理学意义，显然，黄嘌呤碱是生物体内尿酸的最重要来源。

在这一点上，读者可以参考在过去几年引入医学领域的大量合成有机物。在许多情况下，对生物碱构成的研究表明，药物的生理作用主要由特定的分子基团来决定，随后人们生产了含有相关基团的物质，但该物质并不必然作为一种天然物质存在于大自然中。其中的安替比林值得一提，安替比林是克诺尔于1883年发现的吡唑类衍生物，1899年产量增加至17000千克，价值约35000英镑。这种物质为一种苯基二甲基吡唑啉酮。

乙酰苯胺（$C_6H_5NH.COCH_3$）是一种苯胺衍生物，由日拉尔于1853年发现。

非那西丁是对氨基苯酚的衍生物：

$$C_6H_4<\begin{matrix}OC_2H_5\\NHCOCH_3\end{matrix}$$

近年来，大量的人工合成催眠药先后投入使用，如水合氯醛、佛罗拿、索佛拿（二乙眠砜）、三乙眠砜和四乙眠砜等。最后这三种名称的物质密切相关，如下表所示：

$$\begin{matrix}CH_3\\CH_3\end{matrix}>C(SO_2C_2H_5)_2$$

二乙眠砜

$$\begin{matrix}CH_3\\C_2H_5\end{matrix}>C(SO_2C_2H_5)_2$$

三乙眠砜

$$\begin{matrix}C_2H_5\\C_2H_5\end{matrix}>C(SO_2C_2H_5)_2$$

四乙眠砜

二乙眠砜是由丙酮和乙硫醇结合的一种氧化物。佛罗拿是巴比妥酸的一种乙基化合物，该物质由尿素和二乙基丙二酰氯的缩合而来：

$$CO<\begin{matrix}NHCO\\NHCO\end{matrix}>C(C_2H_5)_2$$

佛罗拿

研究人员尝试将局部麻醉剂的生理作用与某些特定构成分组关联起来，例如可卡因；这些尝试促使研究者们将凹栓因、甘卡因、戊基卡因、阿利海因、奴佛卡因和肾上腺素等物质引入医学。与可卡因一起使用的肾上腺素已被证明是一种制作所谓的腰椎麻醉药最宝贵的药物，它可使身体下半大部分对疼痛完全无感。

通过对微生物活动诱导动物源性蛋白质腐败变化的研究，学者们发现了一些碱性含氮化合物的存在，其中一些具有剧毒。西尔米将这些化合物归类为尸碱（πτώμα，尸体）。布里格发现，伤寒杆菌会产生一种有毒物质（即伤寒毒素）；破伤风菌会产生一种剧毒的基体，即破伤风菌毒素。但其他的尸碱均无毒。其中的一些尸碱如胆碱（χγλὴ，最初是斯特雷克在胆液、大脑、蛋黄中发现的）现在被认定为肉和鱼腐坏的产物之一，早已为人所知。胆碱最初由伍尔茨合成。神经碱（νεὺρον）是脑物质的衍生物，与胆碱有关，且很容易转化为胆碱，但与胆碱的毒性不同，神经碱为剧毒。神经碱是由霍夫曼和贝耶尔合成的。另一种所谓的尸体生物碱即尸胺是由拉登堡合成的。施米德贝格和科普分离出了蘑菇毒蝇伞的毒性成分，他们将其命名为蕈毒碱。蕈毒碱与胆碱同时产生；从胆碱中、在肉腐烂的产物中以及在许多真菌中人们可以轻易获得蕈毒碱。

生物碱如毒芹碱、阿托品、可卡因、胡椒碱和尼古丁的合成也称为香草醛合成物[1]，香兰素是某些兰花干发酵豆荚的芳香成分；香豆素是木屑、扁豆、水杨酸、冬青油、芥末油、苦杏仁和樟脑的芳香成分。乙酸、琥珀酸、酒石酸和柠檬酸都可以由人工合成，而且确实可以由芳香族元素构成。

近年来引起人们最广泛兴趣的合成物是1868年由格雷贝和利伯曼首次合成的茜素。本国的威廉·珀金爵士和德国的卡罗成功地实现了茜素的商业化生产，这不亚于在我们的主导产业中掀起一场革命，彻底摧毁了法国、荷兰、意大利和土耳其的大宗贸易。他们用硫酸处理蒽醌，将产物与碱和氯酸钾熔融，从而获得茜素。

茜素在合成过程中取得的出色工业成果自然引发了人工合成其他重要植物染料（尤其是靛蓝）的尝试。在许多化学家，特别是贝耶尔、霍依曼和海曼的共同努力下，靛蓝的合成生产获得了成功，现在靛蓝的制备已具有工业规模。靛蓝源于从煤焦油中提取的萘。将萘转化为邻氨基苯甲酸，然后将邻氨基苯甲酸转化为邻苯二甲酰亚胺。将邻苯二甲酰亚胺转化为邻氨基苯甲酸（氨茴酸），经一氯醋酸处理后转化为苯甘氨酸原碳酸。苯甘氨酸原碳酸融化后加入苛性钾，会产生吲哚酸，然后转化为吲哚酚酸，然后再转化为靛蓝。

另一种方法是用氨基钠处理苯基甘氨酸钠盐，从而一次性得到吲哚酚，通过

---

① 见第八章。

缩合得到靛蓝：

$$C_6H_5NHCH_2COONa + NaNH_2$$

苯甘氨酸钠盐　　氨基钠

$$\rightarrow C_6H_4 < \begin{matrix} CO \\ NH \end{matrix} > CH_2$$

吲哚酚

$$\rightarrow C_6H_4 < \begin{matrix} CO \\ NH \end{matrix} > C:C < \begin{matrix} CO \\ NH \end{matrix} > C_6H_4$$

靛蓝

一氯乙酸作用于苯胺可得到苯基甘氨酸，而苯胺又是通过硝基苯与其他物质反应得到的。由于可以缩合乙炔人工合成苯，而乙炔可以在高温下由碳和氢直接结合得到，因此理论上可用无机材料合成靛蓝。

合成靛蓝于1897年投放市场，立即对天然类靛蓝的产量和价格产生了影响。目前孟加拉天然靛蓝的产量下降了50%以上。1902年，天然靛蓝的产量可能不超过300万千克，而同年合成靛蓝的产量超过500万千克。在采用人造靛蓝品种之前，纯靛蓝的价格从每公斤16先令[①]到20先令不等；到1905年底，靛蓝价格已降至7先令或8先令。此处还应提到硫靛红和硫茚衍生物，其中部分物质有望成为重要的色素。近年来，所谓的硫色素相当重要。本书由于篇幅所限，不能对人造有机色素的生产发展史进行详细论述。染色行业最初在英国崛起，但现在主要在德国进行。实际上，其重要性可以从以下事实中体现：当时染色的生产价值每年不低于12500000英镑，占用于出口染料产量的2/3。染色行业需要大批技术性化学家的贡献，并为许多工匠提供就业机会。

现代合成化学的一些显著的成就是埃米尔·费舍尔在对糖和蛋白质的研究。尽管最早的时候人们就认为糖是植物生命中最主要的产物，并且长期将其用作食物和酒的来源。即便到最近，人们对糖的真实属性和相互关系仍知之甚少，尽管

---

① 英国的旧辅币单位。——编者注

人们曾多次尝试弄清糖的构成。现在人类化学史上的许多谜团已被解开。天然糖分子的结构和人工合成的糖类分子的结构最终为人所知。追溯到一个世纪以前，克利安尼对这些物质的组成首次进行了研究。1887年，费舍尔合成了一种左旋糖（果糖），随即又合成了普通的葡萄糖（葡萄糖）及其对映体左旋葡萄糖和两种具有光学活性的天然水果糖。此后，他对阿戊糖、木糖、岩藻糖、甘露糖、山梨糖、蔗糖、麦芽糖、乳糖等糖以及作为糖苷存在的糖都进行了研究，从而建立了糖立体化学关系，并设计了糖的合成方法。他对糖与酶的特性进行了研究，并已经确定这些酶显然是基于不同的构型对不同分子有特别的选择性作用，由此引发了人们对酶的作用机制、发酵原理的普遍关注。

◎埃米尔·费舍尔

费舍尔对蛋白质的研究成为生物化学的新里程。尽管蛋白质长期以来被认为是最重要的生命产物之一，但由于蛋白质是动物组织和分泌物的成分，且是原生质的基本成分，所以蛋白质被化学家列入最难分辨的物质。由于蛋白质彼此之间非常相似，而且没有任何个性特征。很少可通过确定蛋白质的身份确定其构成。几年前，氧合血红蛋白被分离了出来，但直到最近才获得了确定结晶结构的血清白蛋白和卵清白蛋白。所有的蛋白质，即使是最简单的，都非常复杂，而且表现出非常大的分子量。例如，$C_{158}H_{123}N_{195}O_{218}FeS_3$ 是血红蛋白的近似分子式，其最小的分子量为 16600[①]。实验证据表明血红蛋白的实际分子量远远高于该值。

通过对上述物质的水解进行系统研究、试剂诱导以及将它们与酶发生作用，我们获得了其主要特性。通过上述途径将物质分解成蛋白酶、蛋白胨和各种氨基酸，其中一些氨基酸已经被人工合成。构造最简单的蛋白质是鱼精蛋白，该蛋白存在于鱼的精子中。这些物质，特别是富含氮的物质，可以与氯化铂和某些金属氧化物生成盐。鱼精蛋白中研究最为深入的成员是从鲑鱼睾丸中提取的鲑鱼胺。其水解产物已经确定，根据水解产物的定量关系，我们可以确定该物质的分子量至少为 2045，对应的分子式为 $C_{81}H_{152}N_{45}O_{18}$。动物组织中含有的许多可凝结蛋白——白蛋白和球蛋白，人们已经分离出了一部分白蛋白和球蛋白，人们发现了一些类似碳水化合物的物质。甲状腺球蛋白含有碘。很明显，碘是甲状腺球蛋白的构成元素。碘可能会对治疗克汀病的球蛋白研究产生积极影响。近年来，人们对植物蛋白也做了大量的研究工作，其中一些蛋白，如大麻籽中的麻仁球蛋白和玉米中的玉米醇溶蛋白的结构也已被确定。

由于篇幅所限，本书不能对最有意义但也最晦涩难懂的蛋白质化学进行详细讨论。该领域目前在一定程度上存在研究困局和偏颇。由于经验丰富的、聪明绝顶的化学家涉足了该项研究，再加上现代的培养方法，该研究无疑很快就会硕果累累，对生理学家和医生都具有宝贵的价值。

毫无疑问，有机生命的化学过程与实验室中的化学过程基本相似。生产重要产品的特殊“生命力”相关理论并未得到现代科学的支持。事实上，该理论与现代科学之间存在矛盾。同时，我们必须承认目前对活生物体内化学产物的精细加工的真正作用机制还知之甚少。因为我们是通过纯粹的实验室过程完成相关产物的合成的，所以该产物可能是通过各种不同的过程得到的；也就是说，尽管产物

---

① 原文如此。实际上血红蛋白的分子式是 $C_{3032}H_{4816}O_{812}N_{780}S_8Fe_4$，它的相对分子质量是 64500。——译者注

相同，但化学反应过程未必相同。例如，在植物在光的作用下生成的物质，在实验室里，人们尚未模仿出来。许多植物产品是由无组织酵素（即所谓的酶）催化产生的，化学家并未成功地创造出任何一种酶。

类似于缩合的过程无疑发生在生物体内；但其作用方式多半与化学家目前所知的方式都大不相同。许多实验室的缩合只能在相对较高的温度下或在相当大的压力下才能完成；换句话说，这与在生物体内的缩合条件完全不同。

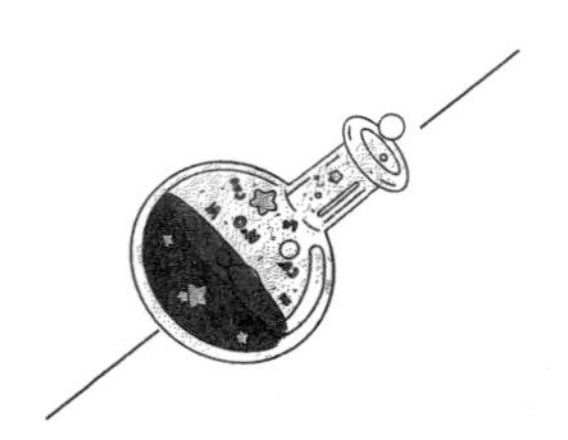

第十一章 1850年后的物理化学发展

液体的分子体积、溶液的属性、范托夫气体定律在溶液现象中的应用——渗透和渗透压：特劳贝、费弗尔——半透膜、渗透压的测量：阿伦尼乌斯：电离学说、电离学说解释化学现象的适用、热化学、质量作用、可逆反应属性、热解离和电解解离、化学性质与旋光性、磁炫光和黏度关系、相位理论、催化作用、酶作用、化合价与体积关系——光化学

化学和物理相辅相成，其相互重叠的研究领域称为物理化学。物理化学的起源实际上与化学本身的起源同步。但物理化学的大发展主要在过去的25年间。伴随着化学基本原理，对所谓气体定律、气体的构成、气体体积与热和压力的关系以及影响气体向液态转变条件的解释的建立，物理化学的一些显著特征已经显现。

关于气体的分子体积，在相同的温度和压力条件下，通过比较相同分子的量的气体体积，我们得出气体分子体积。液体分子体积的研究因其不确定性而变得复杂，因为我们没有理想的可用于液体比较的环境条件。柯普假设了一个可用于比较的条件：液体蒸汽气压为平均大气压，蒸汽温度为液体沸点的1.5倍。柯普的论断得到了罗森、索普和希夫的证实和拓展。研究表明，液体的分子体积，由液体沸点时的相对密度求出分子量，进而求出分子体积。液体的分子量与分子的构成元素有关。因此，通过对同源或类似构成化合物的比较，获得了某些元素的定值；在某些情况下，这些值实际上与处于非结合状态的元素值相同。

在过去 20 年里，人们对溶液的属性有了相当的认识。总体而言，溶液指两种或两种以上物质的均匀混合物：因此，相互不发生化学作用的气体是相互可溶的；气体、液体和固体可能会溶于液体；最后，固体可能会溶于固体，产生所谓的固体溶液。道尔顿研究了气体的互溶度，并阐明了分压定律，该定律指出气体混合物的总压力是各个成分施加压力的总和。该定律和其他所谓的气体定律一样，在一般情况下未必完全准确；但在气体净化之后，其在比例上接近于真值。范托夫指出，可通过使用能实现气体分离的膜实验确定气体混合物成分的真实分压，根据这一原理，拉姆塞将钯容器与压力计相连，测量了钯容器中氢和氮混合物的分压。在足够高的温度下，氢对钯具有渗透性，而氮不能渗透钯。道尔顿和亨利对影响气体在液体中溶解度的条件进行了实验研究，著名的亨利定律表示气体在一定体积液体中的溶解度与压力有关；换而言之，气体在溶液中的密度（浓度）与液体上方空间中气体的密度成正比。气体在液体中溶解度是不同的，尽管可能进行概括，但目前气体性质与其溶解度之间的关系尚不清楚。中性气体（例如氢和氮）是难溶性的，表现为酸性或碱性的气体（例如卤化氢、氨等）则是易溶的。正如格雷姆所指出的，易液化的气体也相对可溶。

对于液体在液体中的溶解度情况，人们知之甚少。部分液体为完全可溶解，另一些则部分混溶的；温度和压力对溶解度有影响。关于固体在液体中的溶解度，我们的了解更为广泛，关于这方面的研究有大量文献，主要涉及固体在水中的溶解度。固体的溶解度取决于溶剂的温度。人们通常认定在溶液饱和时，溶解度随着温度的升高而增加，直到固体完全溶解。如将澄清的饱和溶液缓慢冷却，如冷却到某一特定温度，则溶液中的固体往往会比常温下溶液的固体要多；这种溶液称为过饱和溶液。在向过饱和溶液中添加部分固体时，多余的溶质得以沉淀。某些物质会出现溶解度随温度上升而下降的情况。这些物质的溶解度差异大部分是溶质水合作用的差异造成的。我们对固溶体现象的研究有待完善，但实践表明，固溶体一般也遵守液溶体定律。可将合金看作是固溶体；罗伯茨·奥斯汀已证明金属能像液体和气体一样进行内扩散。

范托夫 1885 年特别研究了溶液稀释的案例，极大地拓展了溶液的常规问题。当气体稀薄到分子之间无明显的相互作用时，就能以最简单的方式表达气体定律。溶质在稀溶液中的情况与稀薄气体的情况类似。如果溶质仅少量存在，其分子间的相互影响几乎可以忽略不计。在此情况下，溶质符合当前本应该适用于气态物质的定律。

或许有必要解释确认这一基本事实的方法。生理学家早就知道某些细胞膜是半渗透性的，即上述细胞膜允许某些液体和溶液中的物质通过，不允许其他物质通过。这种现象被称为渗透作用，具有重要的生物学意义。最初，植物生理学家（特别是特劳贝和普费弗）研究了该现象。许多此类的半透膜可以人工制成，但人们发现最实用的膜往往含有多孔容器壁上沉积的亚铁氰化铜。

如果一个容器装满了糖溶液，然后把容器放在水中，水就会穿过膜，但糖透不过膜。那么，容器内会产生压力（称为渗透压），通过适当的方法可以测量这种压力。这些渗透压偶尔可能很大：如 1%。糖溶液施加的渗透压可达半个大气压，而在浓度相同的情况下，硝酸钾溶液的渗透压可以达到两个大气压。

普费弗测定了渗透压与相关物质溶液浓度之间的关系。普费弗对糖的研究结果如下：

强度百分比（C）	压力厘米汞柱（P）	P/C
1	53.5	53.5
2	101.6	50.8
4	208.8	52.1
4	307.5	51.3

从这些数字可以看出，P/C 实际上是恒定的，即渗透压随浓度变化而变化。研究进一步发现等强度溶液的渗透压随温度的升高而增大。

范托夫首先认识到这些研究结果与溶液普遍理论关系的重要性。他认为渗透压与气体压力相似。由于任何一种物质 P/C 都恒定，且对于一定重量的溶质，溶液浓度与其体积成反比，我们得到了一个类似于波义耳定律的方程，PV= 常数。范托夫还发现与气体压力一样，渗透压与绝对温度成正比。根据上述结果，结合阿伏伽德罗假设，我们可以得出结论：在将溶液稀释到溶质所占的体积可以忽略不计的情况下，溶液中溶质所施加的渗透压与它以气体形式存在时所施加的渗透压相等。另一个重要的结论为：当溶液体积相同，且溶液溶剂为同种物质时，若两种溶质的质量比与溶质分子量比相等，那么它们产生的渗透压相等。这种溶液被称为等渗溶液或等压溶液。热力学推理证明溶液的蒸气压和凝固点的下降与其渗透压成正比。在测定可溶性物质分子量时也对这种关系的重要性做出了解释。[①]

拉乌尔等研究者对分子凝固点降低的测定结果表明，根据现有公式计算，若干物质只施加了约一半的渗透压，而其他物质的渗透压则异常高。直到 1887 年，阿伦尼乌斯对后一种情况进行解释，阿伦尼乌斯指出只有那些渗透压高得异常的溶液才可导电。事实证明这一意义非凡的研究具有极大的启发作用；阿伦尼乌斯将导电性和范托夫的溶液理论之间的关联发展成电解离解或电离理论，即法拉第电解定律，这也是希托夫的研究以及威廉姆逊和克劳修斯的动力学理论最重要的成果之一。阿伦尼乌斯证明电解前导电溶液中不仅存在克劳修斯认定游离离子，而且可以通过测量电导率和渗透压来计算游分裂成离子的分子含量。两种方法都得出了一致结果，有力证实了该理论的有效性。在一公升含有折合约一克物质的普通食盐溶液中，阿伦尼乌斯计算出仅有约十分之三的盐以 NaCl 的形式存在，其余的十分之七的盐被分解成单独的氯离子和钠离子：$NaCl \rightleftarrows Na^{+}+Cl^{-}$，就像气体分子，沿各方向自由移动。在通过电流时，置于溶液中的电极对自由离子起到引

① 见下卷第四章。

导作用，这些离子单独用于确定导电性，未电离的分子或溶剂本身无影响。希托夫、柯尔劳希、洛奇等研究者提出了测定离子偏移速度的方法。

◎斯凡特·奥古斯特·阿伦尼乌斯

电离理论圆满地阐述了许多化学现象。该理论解释了酸的特性、不同的酸具有不同“强度”的原因，以及在高当量稀释时“弱”酸与“强”酸具有相同的“强度”：在任何情况下，酸几乎是完全电离的，换而言之，酸的“强度”取决于其氢离子的浓度。相应地，碱的“强度”也与其羟基离子的数量相关。氨水相对来说是一种“弱”碱，其溶液中含有少量羟基离子。另外，苛性钾是一种“强碱”，其溶液在中等稀释度下几乎完全电离：KOH=K·+OH′[①]，正离子由一个或多个点表示，负离子由一个或多个破折号表示。这一理论也解释了分析化学中的许多现象，例如：为什么氨水只有在无氯化铵的情况下才能沉淀镁，为什么在无盐酸的情况下硫化氢会沉淀硫化锌。该理论还解释了赫斯、汤姆森等研究者观察到的许多热化学现象，例如“强酸和强碱”的中和热与其属性无关，且具有13700卡路里的均值；与范托夫计算的反应 $H^+ + OH^- = H_2O$（由柯尔劳希对水在不同温度下的电导率的测量得出）的热值一致。

① 如今，该电离方程式应写作：$KOH=K^+ + OH^-$——编者注

对于与浓度（质量作用）对测定化学变化的影响相关的某些现象，其中许多现象已经由奥斯特瓦尔德及其学生研究过。例如，为什么在没有热干扰的情况下可将两种稀溶液混合在一起；各种水解作用；盐相对于溶液的碱度和酸度；分析过程中的"指标"特性；又如食盐在氯化氢水溶液中的沉淀程度；过量沉淀剂的影响；试剂的变化特性；盐溶液颜色的变化；在许多反应中产生水的原因；在两种电解溶液的表面产生电位差等等。在大多数情况下无法通过其他途径理解的现象都可以用该理论进行解释。

在上面的陈述中，虽然我们主要关注的是水溶液，但需要补充的是，电离理论同样适用于其他溶剂，包括有机溶剂、无机溶剂。此外，应该补充的是，这一理论可解释所有溶液现象并没有得到普遍的认可。许多物质会产生可以分离出来的明确的水合物；正如门捷列夫，皮克林，卡伦伯格，阿姆斯特朗和其他学者说的那样，这类水合物是否能够存在于水溶液中尚有争议。然而，这些水合物是不稳定的化合物，受温度变化的影响，根据浓度定律（质量作用），它们在稀释时可电离。此外，主要基于柯尔劳希、H.C. 琼斯和洛瑞的研究证据表明电解质水溶液中的离子本身是水合的。

受篇幅限制，本书不会对最近半个世纪的物理化学发展着墨过多，许多重要细节可能没有介绍。

热化学是过去半个世纪里兴起的一个化学分支，早期的研究学者有赫斯、安德鲁斯、汤姆森、法夫雷、西尔伯曼和贝特洛。贝特洛、居尔德伯格、瓦格、尤利乌斯·汤姆森、范托夫、哈考特、埃森、勒夏特列等研究者极大地拓展文策尔和贝托莱关于分子浓度对化学变化影响的研究；现在，我们已经能够明确表达质量作用理论和可逆过程的属性。催化现象、酶的作用和发酵过程总体上受到了许多研究者的关注。格雷姆、麦克斯韦和 O.E. 迈耶研究过气态蒸腾现象；德维尔、特罗斯特等人对热解离进行了实验研究；威勒德·吉布斯和范·德·瓦耳斯对其进行了数学研究，并建立了与电解解离的类比关系；贝特洛、勒夏特列、阿贝尔和狄克逊研究了气体爆炸属性；格拉德斯通、洛伦兹、朗道耳特、纳西尼、布吕尔等人就物质的性质、构成及光学特性之间的关系做了重要研究；威廉·珀金爵士、索普和罗杰参照物质黏度就其磁致旋光进行了类似研究；由吉布斯提出的、范·德·瓦尔斯和鲁兹布姆发展的相理论[①]获得了极大的发展；约瑟夫·约翰·汤姆森爵士和约瑟夫·拉莫爵士阐述了原子的电学理论；巴洛和波普关注了化合价与体积的关系；格罗斯和图顿的精确测量扩展了我们对相关物质晶体关系的认知。

最后，虽然整个光化学起源于英根豪斯、舍勒和塞尼比尔的研究，但直到我们这个时代，光化学才真正被人研究，本生、罗斯科、普林斯海姆、费弗、沃格尔和阿布尼对光化学研究做出了巨大贡献。

① 即吉布斯相律。

参考文献

尔雷比克社，沃·克莱出版社，爱丁堡。

阿伦尼乌斯、斯凡特，《化学理论》，由特·斯莱特·普赖斯翻译，朗文出版社，1907 年。

拜耳施泰因，《有机化学手册》（九卷），利奥波德·沃斯，汉堡，1901—1906 年。

比朔夫，《立体化学材质》，维维格、索恩，布伦瑞克，1904 年。

比朔夫、华登，《立体化学手册》，霍·贝克赫德，美因河畔法兰克福，1894 年。

J.C. 卡因、J.F. 索普，《燃料和中间产物》，格里芬公司，1905 年。

《化学学会年报》，格尼、杰克逊。

化学学会，《纪念讲座》，1893—1900 年，格尼、杰克逊，1901 年。

科恩、尤利乌斯，《有机化学》，爱德华·阿诺德，1907 年。

玛丽·居里，《放射性物质》，“化学新闻”，伦敦，1903 年。

A. 芬德利，《相位规则》，朗文，1904 年。

埃米尔·费舍尔，《氨基酸、多肽和蛋白质》，朱利叶·斯普林格，柏林，1906 年。

埃米尔·费舍尔，《纯化基团研究》，朱利叶·斯普林格，柏林，1907 年。

埃米尔·费舍尔，《糖类、酵素研究》，朱利叶·斯普林格，柏林，1909年。

艾达·弗罗恩德，《化学成分研究》，剑桥大学出版社，1904年。

A.E.加勒特，《周期律》，基根·保罗，1909年。

阿尔伯特·拉登堡，《拉瓦锡时代以来化学的发展》。由伦纳德·多宾翻译，爱丁堡艾伦比俱乐部，1900年。

汉斯·朗道耳特，《光学活性和化学成分》，翻译：约翰·麦克雷，惠特克，1900年。

安托万·洛朗·拉瓦锡，《化学方法》，翻译：威廉·奥德林，卡文迪许协会出版物，伦敦，1855年。

古斯塔夫·曼恩，《蛋白质化学》，麦克米伦出版公司，1906年。

克拉克·麦克斯韦，《热理论》，经过瑞利勋爵、朗文出版社修正、补充。

拉斐尔·梅尔多拉，《重要产物的化学合成》，爱德华·阿诺德，1904年。

门捷列夫，《化学原理》。由卡门斯基、格林纳韦翻译。朗文出版社。

洛萨·迈耶，《理论化学概论》，贝德森、威廉姆斯翻译，朗曼出版社，1892年。

洛萨·迈耶，《现代化学理论》，贝德森、威廉姆斯翻译，朗曼出版社，1888年。

迈耶、雅各布森，《有机化学教材》，莱比锡威特公司。

O.E.迈耶，《气体动力学理论》，R.E.贝恩斯译，朗文，1899年。

M.M.帕蒂森·缪尔《化学理论和定律史》，约翰·威利父子出版公司，1907年。

沃尔特·能斯特，《理论化学》，C.S.帕尔默翻译，麦克米伦出版公司，1895年。

奥斯特瓦尔德，《精密科学典籍》。

埃麦·皮克特，《植物生物碱》，由H.C.比德尔翻译约翰·威利父子出版公司，1904 年。

里希特，《碳化合物词典》，利奥波比·沃斯，汉堡和莱比锡。

罗斯科、肖莱马，《化学论著》，麦克米伦出版公司。

欧内斯特·卢瑟福，《无线电活动》，剑桥大学出版社，1904 年。

卡尔·肖莱马，《有机化学的兴起与发展》，由亚瑟·史密斯编辑，麦克米伦出版公司。

S.B. 施莱弗，《蛋白化学》，默里出版公司，1906 年。

弗雷德里克·索迪，《放射性》，《电工印刷出版公司》，伦敦，1904 年。

斯塔斯，《原子量相互关系》，1860—1865 年。

A.W. 斯图尔特，《有机化学的最新进展》，朗文，1908 年。

A.W. 斯图尔特，《立体化学》，朗文，1908 年。

托马斯·爱德华·索普，《应用化学词典》，三卷，朗曼斯。

托马斯·爱德华·索普，《历史化学论文》，麦克米伦出版社，1902 年。

莫里斯·沃特·特拉弗斯，《气体研究》，麦克米伦出版社，1901 年。

各布斯·亨里克斯·范托夫，《空间中原子的排列》，由 A. 艾洛瓦特翻译，朗文，1898 年。

J. 沃克，《物理化学导论》，麦克米伦出版社。

阿道夫·伍尔茨，《原子理论》，E. 克莱明肖译，基根·保罗。

附录
中国古代化学发展简史[①]

总述 17 世纪以前，化学还没有真正作为一门学科出现；19 世纪，“化学”一词及其相关术语才伴随着“西学东渐”的浪潮出现在中国的历史舞台上。但是，这不意味着在 19 世纪以前我国就没有化学的存在及应用。事实上，我国古代化学发展不仅历史悠久，而且在实际应用中创造了巨大的价值，也给后世留下了宝贵的精神财富。以下对我国古代化学的发展史做一个简略的介绍。

物质说 古人关于物质的基本观点是“五行说”。这是已知的最早的朴素元素说。《尚书·洪范》记载：“五行，一曰水、二曰火、三曰木、四曰金、五曰土。”加上其他文献中的记载，古人是明确将金、木、水、火、土五种元素认定为构成万物的基本物质元素。关于“五行说”最早的记载是战国末年的《尚书·大传》。并且“五行说”认为，单个元素是不能构成物质的，必须要多种元素发生反应。这些都说明了我国古代的“五行说”是如今元素论的萌芽。到了战国时期，进一步出现了“阴阳五行说”，这构成了我国古代科学的理论基础，相当于今天的“原子论”“分子论”。“五行说”还有相生相克的说法，汉代文献记载：“木生火、火生土、土生金、金生水、水生木”。

关于物质，我国古代还有一些现在看来仍然有科学价值的朴素观点，法家的

① 此部分内容为编辑整理所写，主要讲述中国古代在化学方面所取得的成就。

著作《韩非子·解老》中提出物质是可分的。公孙龙认为物质是可以无限分的，惠施则认为物质是不可以无限分的。《墨子·经下》中认为物质分到没有一半时就不可分了，这种情况叫作“端”，“端”是墨子认为的物质不能再分的最小单位。这种学说代表当时已经有了比较原始的物质最小单位的概念。

火，在如今很常见，但是在远古时代，人类刚刚接触它的时候，火还是一种很神秘的物质，并且对人类的发展和文明的进步产生了巨大的力量。人类从了解它到使用和保存它经历了一个过程。关于火，最广为人知的就是“钻木取火”。在《韩非子·五蠹》中有记载：“有圣人作，钻燧取火以化腥臊，而民说之，使王天下，号之曰燧人氏。”燧人氏不是某个人，而是一个部落，他们被认为是“钻木取火”的发明者。据专家考察发现，直到20世纪50年代，在海南某些少数民族居住地，仍有人使用这种方法取火。20世纪初，英国考古学家在楼兰古城考古发掘出一个带有四个孔洞的取火钻木板，孔内有火烧过的痕迹，与木板连接在一起的还有钻木棒，这是除了文献记载外的考古发现。

其实在钻木取火之前，人类使用的主要是来自大自然的天然火种。某场偶然的森林大火烧毁了森林，也使森林里的一些动物的尸体被烤熟，原始人回到森林里，发现这些被烤熟的肉竟然意外地好吃，从此人类可以不再只吃生冷的食物，寿命逐渐得到延长，留给大脑发育的营养也更多了。原始人将火种移到洞穴里保存之后，又发现了火的照明功能，火成了人类生活中的必需品。

制陶术　在我国出土的原始部落的文物中，有很多造型精美或者很实用的陶器，这是中国先民掌握的最早的利用化学原理制作的器皿。大约1万多年前，人们发现某些黏土经过火烤之后非常坚硬，装水基本不透，可作为盛水的容器。并且用黏土制造器皿相对于用骨、木、石来说更容易成形，便于制作各种样式的容器。并且黏土这种原料易得，烧制起来也不麻烦，这给制陶业的发展提供了十分便利的条件，烧制出来的陶器既可以作餐具，也可以作炊具，可以不用只吃烤制的食物，从另一方面丰富了人们的饮食结构和内容。陶制品的出现是迈入一个新时代的标志，它不同于木器和石器只是从物理层面简单地改变了原材料的外形，陶器的制作实现了原材料性质的改变，是一种在高温下发生的化学反应。由于对陶器的需求比较大，制陶业得到了充分的发展，因为各地的材料、气候以及烧制时可以达到的温度等条件不同，陶器逐渐发展出黑陶、白陶、红陶、彩陶及灰陶等多个种类。但是人们也不是一开始就能成功烧制出外观较好的陶器，因为在烧制的过程中不能保证温度的稳定，所以烧制出来的陶器颜色会深浅不一，尽管在烧制和品种上存在着千差万别，但是原材料大都是含钙量较高的铁质易熔黏土。到了后来的仰韶文化时期，人们已经不仅局限于烧制造型各异的陶器了，而是开始用天然颜料在陶器上绘制图案，通过烧制使图案更持久亮丽。制陶术代表了我国古代劳动人民运用化学的智慧。

青铜器 众所周知，商周时期是青铜器发展的鼎盛时期，出土的这个时期的青铜器都十分精美，显示了我国古代高超的青铜器制造技术。中国的青铜器使用历史始于马家窑至秦汉时期，以商周时期的最为杰出。

我国境内发现的已知的最早的铜制品是陕西姜寨遗址出土的青铜残片，距今已有6500—6700年的历史，经检测为冶炼所得。而已知的中国最古老的青铜器是甘肃马家窑文化遗址出土的单刃青铜刀，据测定，距今约5000年，它也是世界上最古老的青铜刀。据考古发现表明，最早出现青铜冶炼技术的是土耳其地区，中国虽然稍晚于它，但却是青铜冶炼的集大成者，无论是从铸造工艺、造型艺术及品种还有使用规模来讲，世界上没有一个地方的青铜器可以与中国古代的青铜器相比拟。青铜器中的代表——鼎，最初是作为炊具出现的，后来逐渐在上面加入花纹、图案、铭文等，开始作为祭祀的礼器使用，象征着财富和权力。

据资料显示，对商代早期的青铜器进行成分测定，含铜量约在67%～91.99%，含铅量在0.1%～24.76%，含锡量约在3.5%～13.64%，成分极不稳定，但铅的含量较高，它可以让铜液保持较好的流动性。关于青铜成分和性能还有这样的记载，战国末期的《吕氏春秋·别类编》：“金（即铜）柔锡柔，合两柔则刚。”这说明古人已经有了一定的合金知识。

青铜器的制作工艺主要分为三种，范铸法（又称模铸法），失蜡法和浑铸法。据专家研究，古代大部分的青铜器都是采用范铸法制作而成。青铜器不光有炊具和礼器两种用途，还可用作酒器、水器、乐器、兵器。我国著名的编钟就是青铜乐器的代表。

冶金　我国古代的冶炼技术在世界居于前列，特别是秦汉以后的金属冶炼及其产品，对亚洲各国产生了很大的影响，还对国外进行输出。中国冶金的历史十分悠久，冶炼的金属也很丰富，包括铜、铁、金、银、锡、铅、锌等等。

因为烧制陶器，人们自然联想到了通过高温改变其他物质的性质。冶金的出现也就是自然而然的事情。最先被冶炼和使用的是铜和铜制品。自然界中存在天然的红铜，其天然的金属光泽引起中国先民的注意。最初主要是将孔雀石和草木灰混合加热还原得到金属铜。

安阳小屯出土了殷代的外镀厚锡的铜盔和成块的锡锭，还在殷代墓葬中发现了铅质酒器。中国古人用铁是从用陨铁开始的，战国时期的工匠就已经掌握了淬火技艺。工匠在锻打块炼铁的过程中，由于碳的渗入，炼成了最早的渗碳钢。到了西汉时期，这种方法又演变成百炼钢工艺。

继烧陶之后，冶金技术是人类运用化学手段来改造自然、创造财富的又一辉煌成就。推广和发展冶金技术直接导致了生产工具的变革，其对生产力的发展、社会生活面貌的改变所产生的革命性作用是不言而喻的。

酿造工艺　酒圣杜康的故事家喻户晓。传说杜康是黄帝手下管理粮食的大臣，因为偶然将粮食储存在树洞里，粮食发酵了，变成了一种醇香的液体。曹操曾言：“何以解忧，唯有杜康。”但是据考究，杜康只是个因善酿而出名的人。虽然传说各异，但是中国人酿造的历史却是由来已久。早在4000多年前，中国人就已经用酒曲使淀粉发酵酿酒，这在世界生物化学史上是一项重大成就。不光是酒，酱油和醋也是很早就开始酿造了。

随着酿造技术的不断发展，使用的酒曲种类也越来越多。蒸馏酒始于宋代，到明代已经很普遍，人们也积累了很多专门的化学酿造知识。在原始社会的时候，酒并不是用于少数人的享受，那时候的酒浓度很低，人们也是带着酿造后的粮食一起吃的，也算是一种变化了的粮食的食用方式。在古代最常见的酿酒方法有三种，一是利用谷物发芽产生的糖化酶（这种糖化酶可以使淀粉转化为麦芽糖）酿酒；二是利用人唾液中的淀粉酶酿酒；三是利用酒曲（即可以分泌糖化酶的霉菌）酿酒。用酒曲酿酒是中国先民的伟大创造，之后又传播到东亚的其他国家。举一反三，人们又将酒曲应用到酿造醋、酱油等领域。19 世纪 50 年代，法国化学家巴斯德揭示了酿酒的发酵原理，人们才注意到中国的酿酒原理及其科学内涵。

醋几乎和酒同源。人们注意到，有些酒酿出来没多久就变酸了，变酸的酒也就成了醋。但醋和酒不同，酒含有酒精，而醋含有醋酸。外国人也吃醋，但是他们一般都是用水果制成的果醋或者是直接使用柠檬汁，没有用粮食制成的醋。可以说，用粮食酿醋是我国先民的伟大创造。

酱的种类也很丰富，有面酱、豆酱。这些都是利用发酵原理制成，在亚洲地区是很多国家的人们必不可少的调味食品。

糖与食盐　和醋、酱一样，糖在如今的日常生活中已经是很常见的调味品。早在 3000 多年前的西周就出现了将淀粉水解制糖。长期以来，中国人积累了丰富的制糖知识，制糖技术也越加高超。中国古代人食用的糖除了像蜂蜜这样天然的糖之外，其他的主要有两大类，一类是由甘蔗制成的蔗糖，另一类是水解淀粉制成的糖。

冰糖的发明者是唐代四川遂宁的糖匠。南宋的王灼在其著作《糖霜谱》中详细记录了冰糖的发明和制作方法。制糖业是中国古代手工业中十分重要的一支。因为古代的调味品种类比较少，糖在古代占有十分重要的位置。

盐分是我们人体所必不可少的，但是在远古时代，人们获得盐分的途径十分有限，仅靠从野兽的肉中获得的盐分远远不能满足人体的基本需要，这促使人们去寻找自然界中存在的其他的盐，并收集提取出来，作为日常食用的盐。食盐的提取过程并没有想象的那么容易，先秦古籍《世本·卷一》记载："黄帝时，诸侯有夙沙氏，始以海水煮乳煎成盐，其色有青、黄、白、黑、紫五样。"这表明，人们煮海水为盐发生在五六千年前，而这已经是中国农耕时代的开始时期了。

在对天然的盐有了初步的认识之后，人们也确定了几个获得食盐的途径。一种是池盐（即内陆湖盐），指盐湖中天然结晶或以盐湖表层卤水晒制的盐。中国的盐池主要分布在西部和北部干旱气候的地带，山西运城盐湖是中国历史上最早也是最著名的池盐产地。另一种是井盐，井盐即所谓"凿井取卤，煎炼成盐"的盐，是以凿井的方法开采地下天然卤水及固态的岩盐。井盐的发祥地是巴蜀，四川自贡号称中国古代盐都，井盐的开采大约始于战国晚期，据晋人常璩的《华阳国志·蜀志》记载："周灭后，秦孝文王（当作秦昭襄王）以李冰为蜀守（约前256—前251）。冰能知天文地理……又识齐水脉，穿广都（今双流县境）盐井、诸彼地，蜀于是有养生之饶焉。"还有一种是岩盐，岩盐又名石盐，是自然界中天然形成的食盐晶体，取后可以直接食用。这种盐，品质好的呈玻璃光泽，晶形呈正立方体，颜色无色透明或白色，又被称为"光明盐""水晶盐""玉华盐"和"白盐"。这类石盐，有的生于盐池之下，《本草经集注》记载："河南盐池泥中，自然凝盐如石片，打破皆方，青黑色。"这是不纯净者。而更有上品者，《本草纲目》中提道："石盐……水产者生池底，状如水晶、石英，出西域诸处。"石盐主要是自盐井或盐湖中自然凝结析出的，但有的石盐则生于地下，须掘土挖取。这种地方大多原是内陆干涸的湖床。

火药 说到中国古代的化学成就，不得不提到中国古代四大发明之一——火药。中国古代的火药最早不是用于军事的，而是出自炼丹家之手，到了唐代后期才为军事所用。火药分燃烧性火药和爆炸性火药。早期火药的成分主要是硝石、硫黄和含碳物质。《神农本草经》中说，硫黄可以化金、银、铜、铁各种金属。《史记·扁鹊列传》中记载，汉代大夫将硝石作为药用。后来炼丹术兴起，硝石就作为一种主要的炼丹药剂。

北宋庆历年间，在曾公亮的《武经总要》里，“火药”作为一种正式的名称出现，其中详细地记载了用于制作“毒药烟球”“火砲”的火药配方，这些配方里除了制作火药常见的硫黄、焰硝外，还掺入了沥青、黄蜡、桐油等成分，还有带有毒性的砒霜、草头乌等。中国的火药在北宋年间由商人经印度传入阿拉伯国家，后因战争，中国的火药、火器传入西方国家。

明代，火药已经大批量进行生产了。朝鲜的《李朝实录》中记载，当时的高丽为了抗击倭寇，来向明朝求援，明太祖批示：“高丽来关军器、火药、造船捕倭，我看了好生欢喜……教那里扫得五十万斤硝，将得十万斤硫黄来这里，著上别色合用的药修合与他去。”一次性资助几十万斤的火药，这在当时还是十分大手笔的。

明代还十分重视火药武器的管控，禁止民间私自制造武器或者将其运到境外，涉及火药的更是十分严格。官方对于火药武器的制作方法也是严格保密，专门下令制造过程中严禁泄露。

明初刘基所著《火龙经》及明末茂元仪所著《武备志》，均详细记载了南宋以来中国历史上各种火药武器以及火药的配方，是研究中国火药史的重要文献。1627 年，宋应星所著的《天工开物》中描画了地雷爆炸的场景。

陶瓷 如果说陶器还是早期人们更加注重实用性创造的器皿，那么瓷器就是实用性和艺术性的结合。中国的瓷器在世界上占有重要地位，瓷器成了中国的一张亮丽的名片。

秦、汉、魏、晋、南北朝时期是陶瓷技术发展的重要时期，秦代兵马俑的出土代表着制陶技术的成熟。战国后期，几乎被摧毁而失传的原始瓷器浴火重生，也在之后迅速地发展为成熟的青瓷。随着烧瓷技艺的不断提高，陶瓷的种类逐渐增多，不仅有精美的青瓷，还有大气的黑瓷和白瓷。

有一个现象，当时北方烧制的青瓷质量明显比不上南方的，这不仅是技术水平的差异，也是南北方制瓷原料、工艺要求、烧制条件等多方面的差异。原料上，北方多次生高岭土和耐火黏土，原料中含铁量较低，而氧化铝、氧化钛含量相对来说高些，要求烧成温度高而且时间长，既能在还原性较弱的气氛中烧成，也能在氧化焰中烧成。而南方多原生高岭土和瓷石，含有机质较少，并多杂有水云母系矿。这类矿石含铁量较高，要求在还原性较强的气氛中烧成。但是当时的科技发展水平使工匠可能还不足以认识到这些差异，这说明当时的南北方制瓷工艺还是有很大的交流空间的。

提到中国古代的陶瓷，就不得不提到一个地方——景德镇。明清时期，制瓷业的能工巧匠聚集于此，一时间形成了“工匠来八方，器成天下走”的繁荣景象。《天工开物》的作者宋应星道：“合并数郡，不敌江西饶郡产……若夫中华四裔，驰名猎取者，皆饶郡浮梁景德镇之产也。”表明了当时景德镇的陶瓷产量大、销路广、质量好，并且闻名全国。景德镇生产的瓷器种类繁多，有斗彩瓷器、珐琅彩瓷器、粉彩瓷器等，早期还有著名的釉下彩青花瓷器、釉上彩五彩瓷器。这些精美的瓷器代表着中国古代制瓷工艺的最高水平，不仅为宫廷皇室所用，而且还被当作馈赠礼品。景德镇是当之无愧的瓷都。

造纸术　纸无疑是人类文明发展史上的一项重大发明，同时也是我国古代四大发明之一，现代造纸工艺依然脱胎于中国古代的造纸原理。造纸的过程涉及很多化学变化，所以理所当然地属于化学工艺的范畴。从原料到成品，需要经历一些关键的步骤，如制浆和成浆。制浆就是将造纸的原料制成符合造纸的纸浆，早期的时候制浆技术还不成熟，无法将制浆的原料制成比较细腻的纸浆，所以有些纸就比较粗糙。成浆的过程并不是把纸浆倒入模具使其定型那么简单，而是需要经过漂白、染色、上胶等多种工艺。

现代被认为是记载了纸的最早定义的文献是公元 100 年许慎所著的《说文解

字》。书中是这样描述的："纸，絮一箔也，从系氏声。"《后汉书·蔡伦传》中记载："书契……其用缣帛者谓之纸。"1986年，在甘肃天水放马滩的一座汉墓中出土了一张纸，这张纸光滑平整，又薄又软，上面绘有风景，这也是目前已知的世界上最早的纸。

在东汉的蔡伦改造造纸术之前，人们使用的造纸原料主要是麻丝，这种纸为后来造纸术的改造提供了思路，但是这种纸仍然存在一些缺点，工艺较为复杂。蔡伦改造了造纸术，首先，他扩大了造纸原料的范围，树皮、破麻布、旧渔网等都可以作为造纸的原料，降低了造纸的原料成本；其次，他改进了造纸的技术，降低了造纸的复杂程度；再次，他对造纸技术进行了推广。在当时，很多先进技术的发明都是保密的，或者只传给自己的后人，蔡伦却使这一变革性的技术在民间社会广为流传，极大地推进了社会的进步。

化学在农业中的应用 农耕文明是中华文明中一个突出的文化印记，许多服务于农业的化学智慧也因此迸发，给灿烂的农业文明添上浓墨重彩的一笔。这些化学智慧大多源于生产劳动的经验总结，是需要我们继承和发展的重要成果。

为了保证农作物的产量，古人很早就懂得利用化学成分去灭菌、杀虫、防病以及灭鼠等等。这些成分主要来自植物、矿物。有硫黄、雄黄、砒霜等等，这些矿物中含有硫和砷，是古代农药的重要来源。古人不仅懂得杀虫、防病，也很早就认识到了施肥的重要性。肥料分为植物性有机肥和动物性有机肥，植物性有机肥主要就是杂草、秸秆，动物性有机肥就是粪肥。还有无机肥料，就是一些矿物肥料。元代的鲁明在月令类农书《农桑衣食撮要》中提到将生铁作特种肥料。

布匹印染 对美丽颜色的喜爱是人们自古以来的追求，山顶洞人已经将红色的赤铁矿粉作为装饰品。六七千年前的先民已经掌握了将麻布染成红色的技术。古代染料大多取自植物，常见的颜色有青色、红色和黄色，并且他们还会根据不同的比例调配出不同的颜色。当然除了这三种主要的颜色外，也会加入其他的颜色进而调配出更多的颜色。《夏小正》记载"五月，启灌蓼蓝"，《诗经》还记载了采摘蓝草的生产活动，这说明我国古代的蓝色染料主要取自蓼蓝这些蓝草。除了将植物采集回来，还需要对植物进行深加工，才能制成可以染布的染料。

小结　中华文明源远流长，中国的劳动人民在这历史长河中孕育了无数的智慧，很多朴素的劳动经验中其实蕴含了很多科学知识，中国古代化学知识的应用，只是这千千万万智慧中很小的一部分。同时，时代想要进步就免不了交流学习。纵观历史可以发现，千百年来，东西方的交流发生了很多文化的碰撞和融合，也促进了人类文明的进步。